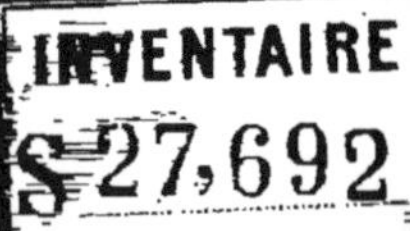

GALÉGA

FOURRAGE

SON USAGE ET SON PROFIT

PAR

DAMITTE

l'Enseignement primaire, en congé;
publique; Officier de l'Ordre impérial et militaire
Soleil, de la Perse; Chevalier de l'Ordre royal
d'Italie; Membre correspondant de l'Académie
culture de Florence; Lauréat de plusieurs
Sociétés savantes et agricoles.

PARIS

BÉRRIOT, quai des Grands-Augustins, 55.
rue de Reuilly, 36.

S

LE GALÉGA

NOUVEAU FOURRAGE

D'après une aquarelle de M. Ch. Cabau.

Et radicavi quasi plantatio
roseæ in Jericho.
Eccl.

9582

Propriété de l'Auteur (droit de traduction réservé).
Tout exemplaire non signé de la griffe de l'Auteur sera une contrefaçon.

LE GALÉGA

NOUVEAU FOURRAGE

SA CULTURE, SON USAGE ET SON PROFIT

PAR

BIBLIOTHÈQUE IMPÉRIALE

+ 7163

GILLET-DAMITTE

Inspecteur de l'Enseignement primaire, en congé;
Officier de l'Instruction publique; Officier de l'ordre impérial et militaire
du Lion et du Soleil, de la Perse; Chevalier de l'Ordre royal
des SS. Maurice et Lazare, d'Italie; Membre correspondant de l'Académie
royale d'Agriculture de Florence; Lauréat de plusieurs
Sociétés savantes et agricoles.

PARIS

Goin, libraire agricole,
Boulevard Saint-Germain, 82.

Blériot, quai des Grands-
Augustins, 36.

Et chez l'Auteur, rue de Reuilly, 55.

1868

A MONSIEUR E. BOINVILLIERS

Sénateur de l'Empire,
Président du Comité central agricole de la Sologne, etc., etc.

MONSIEUR LE SÉNATEUR,

La question de la production des fourrages est essentiellement liée au progrès de l'agriculture moderne, car le vieux proverbe formulé par nos pères est reconnu pour être aujourd'hui une vérité absolue : *Qui a foin a pain.*

Le Galéga, dont je m'efforce de faire l'historique dans cet opuscule, de démontrer la haute valeur nutritive pour l'alimentation du bétail, et de chiffrer le rendement abondant comme fourrage, a été de ma part l'objet d'une étude aussi assidue que consciencieuse, depuis quatre ans.

Des faits qui résultent de cette étude, et dont vous avez daigné par vous-même, Monsieur le Sénateur, constater la vérité, il suit que cette belle fourragère est appelée à rendre de réels services à l'économie rurale.

C'est pourquoi j'ose mettre cette publication sous les auspices du Président du Comité central agricole de la Sologne.

Cette illustre Compagnie compte dans son sein des agronomes d'élite et des savants de premier ordre, associés à des propriétaires dévoués au bien public. Elle pourra, sous votre patronage, hâter la propagation d'une plante qui, de tous les fourrages connus, recèle, comme la science vient de le démontrer, le plus d'éléments nutritifs.

Dans cet espoir, je suis,

Monsieur le Sénateur,

Votre très-respectueux et votre très-dévoué serviteur,

GILLET-DAMITTE

Lauréat du Comité central agricole
de la Sologne.

LE GALÉGA

NOUVEAU FOURRAGE

I

Réflexions préliminaires. — Tessier, les mérinos. Parmentier, la pomme de terre. — La luzerne.

Quand un homme découvre une vérité, invente une machine ou tire de l'oubli une chose utile qui s'y trouvait ensevelie, si cette vérité, cette machine ou cette chose ne présente immédiatement des effets saisissants ou des prodiges, on traite cet homme de rêveur; on passe outre sans plus d'attention. Pour peu que cet homme ait une conviction ferme et un caractère trempé et que, en suivant l'entraînement de son âme, il prêche avec énergie sa vérité, expose l'utilité de sa machine ou la bonté de la chose qu'il a étudiée, on ne peut pas se soustraire à son action; on l'écoute, non pour profiter de son expérience et tirer partie de son étude, mais le plus souvent pour le dénigrer. On n'approfondit pas ses dires, on ne vérifie pas ses paroles; on le critique, en l'assomme. C'est le fait en général.

Il faut donc une sorte de courage pour apporter au public une idée nouvelle et tenter de servir son pays en s'efforçant d'enrichir le domaine de l'agriculture d'une plante fourragère; car rien n'est nouveau sous le soleil. En effet, toutes les plantes sorties des mains bienfaisantes du Créateur et tous les animaux sont aussi anciens que le monde. Je ne sache pas que mon illustre compatriote Tessier ait eu jamais la prétention d'avoir créé les *mérinos*, ni que Parmentier ait eu celle d'avoir fait sortir du néant la *pomme de terre*. Cependant le premier de ces hommes est resté dans les annales de l'agriculture inscrit comme un bienfaiteur, parce qu'il a doté la France d'une race ovine exotique qui a fait fleurir l'agriculture sous le premier empire. Le second, par les soins persévérants qu'il a pris de propager la culture des féculents tubercules qui portent encore son nom, s'est acquis les titres les plus nobles à la reconnaissance de la postérité. Il n'a pas non plus créé la pomme de terre, introduite en Espagne au XVIe siècle, mais en la cultivant lui-même, il a appris à la génération que c'était un aliment bon pour le pauvre et pour le riche. La pomme de terre paraît sur la table du manouvrier et n'est pas dédaignée du châtelain ; elle joue, en outre, un rôle avantageux dans l'économie rurale.

Pourtant que de peines ces deux savants n'ont-ils pas dû prendre afin de voir se réaliser leurs efforts bienfaisants ! Il a fallu que plus de deux cents ans s'écoulassent avant que la pomme de terre fût popularisée en France.

Et la luzerne qu'Olivier de Serres, vers 1660, appelle *la merveille du mesnage des champs*, que de siècles ont dû passer pour que, de l'Asie, son pays natal, cette plante précieuse vînt jusqu'à nous ! Les Grecs la rapportèrent de la Médie comme un glorieux trophée, au Ve siècle avant Jésus-Christ. Les Romains, trois siècles plus tard, rapportaient eux-mêmes de la Grèce la luzerne en lui conservant le nom de *plante médique* que lui avaient donnée les Grecs. Ils semblent en avoir longtemps ignoré ou dédaigné les merveilleuses qualités. Ce furent Varron (116 ans avant Jésus-Christ), Columelle (30 ans avant Jésus-Christ) et Palladius (371 ans après Jésus-Christ) qui la tirèrent de l'oubli. Ils crurent devoir rappeler par leurs écrits aux cultivateurs de leur temps les avantages de cette plante. Virgile, dans ses *Géorgiques*, se borne à indiquer l'époque de sa semaille au printemps. Mais elle fut négligée par la suite en Italie même, car elle ne commença à être cultivée dans le Brescian qu'en 1550 (1). En somme, on compte vingt-

(1) A. Gobin. Ouvrage sur les *plantes fourragères*.

trois siècles depuis le départ de la luzerne de la Médie jusqu'à son arrivée chez nous en parfait usage.

On croit que c'est de la Grèce même qu'elle fut importée en Espagne, où l'on a la preuve de sa culture dès 1548. Fut-elle introduite dans la Gaule par les Romains à l'époque de la conquête? Passa-t-elle d'Espagne en France? C'est ce qu'on ignore. La plus ancienne mention qui en soit faite, dans notre pays, date de 1516, où, d'après M. Heuzé, elle fut répandue dans le Soissonnais. Nous perdons dès lors sa trace jusqu'à la fin du XVIe siècle. C'est à partir de cette époque que la luzerne s'empara insensiblement, en France, d'une part notable dans la culture des contrées méridionales, d'abord, gagnant toujours vers le centre et vers le nord. Elle ne pénétra en Angleterre que vers l'année 1657. Je ne saurais omettre de noter que, dans mon enfance, même au sein de la Beauce, les agriculteurs qui cultivaient la luzerne passaient pour des hommes avancés, s'y comptaient et s'enrichissaient, tandis que leurs détracteurs végétaient ou demeuraient pauvres.

II

Au Jardin des Plantes. — M. Boitel.

Un des premiers beaux jours du printemps, à ce moment où déjà la nature s'anime et révivifie tout ce qui a des racines en terre et des bourgeons dans l'air, fatigué, je me reposais au Jardin des Plantes, assis sur un banc situé en face de l'école de botanique. J'étais plongé dans les réflexions qui précèdent, et je contemplais avec admiration l'ordre merveilleux disposé dans cet immense répertoire. Quel génie a pu classer ces myriades de plantes, les ranger par familles, en distinguer le genre, l'espèce, en noter la variété! Mon esprit se perdait dans cette contemplation. Quoi! me disais-je à moi-même, est-ce que dans ces riches et savantes collections il n'y aurait pas une plante oubliée, une herbe dédaignée, utile à l'agriculture? Est ce que nos aïeux n'ont pas longtemps marché sur la lupuline, sur la luzerne rustique, et les barbares d'Afrique sur le silène, sans se douter que les uns foulaient aux pieds des fourrages et que les autres trépignaient sur de charmantes fleurs dont on fait aujourd'hui des massifs pour décorer les jardins des rois?

Un travailleur sortait de l'enclos qui me faisait face. Comme au Jardin des Plantes les employés sont polis, très-disposés à instruire le public ou même à satisfaire les curieux, j'abordai la personne qui fermait la grille et je lui dis : Monsieur, il y a là bien des plantes. Ne vous serait-il pas possible de m'en montrer une qui fût de nature à servir l'agriculture?

La personne que j'interrogeais ainsi était M. Boitel, alors sous-chef de culture à l'école de botanique.

— Venez, me dit M. Boitel, et me montrant une plante déjà verdoyante, belle, vivace; en voici une.

— Comment la nommez-vous?

— On l'appelle *Galega officinalis*; c'est une plante de la famille des Légumineuses, dites aussi Papilionnacées, comme le sainfoin, la luzerne.

— Est-elle bonne pour les bêtes herbivores?

— Assurément, reprit M. Boitel; plusieurs fois j'en ai offert aux animaux des parcs de la ménagerie, et toujours ils l'ont bien mangée ; c'est d'ailleurs une plante magnifique, dont les fleurs en grappes plus épaisses que celles de la luzerne sont gracieuses et de longue durée.

— Est-elle cultivée pour fourrage? demandai-je.

— Non, répondit M. Boitel, mais elle mériterait de l'être ; au reste, ajouta-t-il, parlez-en à M. Pépin, notre jardinier en chef.

III

Au Jardin des Plantes. — M. Pépin.

Je notai sur mon carnet *Galega officinalis* et j'allai voir M. Pépin. Ce fonctionnaire, qui est très savant, est aussi bon et aussi affable qu'il est instruit. Il me reconnut pour m'avoir vu à la fête du *Nourouz*, à la légation de Perse, où nous avons assisté plusieurs années avec les philo-persans, lui comme ayant formé des jardiniers pour les jardins de l'Argh, séraï du Schâh, moi comme ancien professeur des premiers élèves persans venus en France. M. Pépin me dit :

« Si vous avez un peu de terrain à votre disposition, je vous donnerai de la graine du *Galega officinalis* et d'une autre variété nommée *Galega orientalis*. Ce dernier est plus précoce, mais moins abondant; plus résistant au froid, mais moins vigoureux. Il est vert tout le temps de la mauvaise saison, et aux premières approches du printemps il a des pousses étalées, alors que la luzerne ne se montre pas encore. Cultiver ces deux plantes, ce serait une étude utile et très-intéressante, car je suis persuadé que le fourrage du galéga est nutritif, trop peut-être. Pris avec excès ou sans transition par les animaux ruminants, il peut leur donner des indigestions ou le sang-de-rate.

— Bon, disais-je à moi-même, voilà une plante à propager en Sologne, là où les brebis sont attaquées fréquemment de l'affection aqueuse dite *cachexie*. Le galéga qui pousse au sang sera pour les troupeaux de ce pays un spécifique précieux.

Et je notai cette particularité. M. Pépin que j'écoutais religieusement continua son enseignement :

— Je vous recommande, fit-il, surtout le *Galega orientalis*. Ces deux variétés sont vivaces, croissent en tout terrain. Leur graine, comme celle de toutes les plantes légumineuses, haricots, sainfoin, pois, etc., conserve sa propriété germinative un temps très-long qu'on peut fixer à un demi-siècle. Je dois vous dire que les deux galégas, loin d'être sensibles à la gelée comme la luzerne, végètent pour ainsi dire sous la neige, surtout le *Galega orientalis*, qui reste vert tout l'hiver et qui, aux premiers rayons du soleil du printemps, donne déjà des pousses abondantes. Pour ce motif, il pourrait être une plante propre aux pelouses que l'œil aime à trouver vertes en tout temps.

Et le jardinier en chef du Jardin des Plantes me donna des graines des deux variétés de quoi ensemencer deux mètres carrés.

— Mais pourquoi, lui dis-je, monsieur, vous qui êtes si bien posé pour faire valoir une vérité utile à la culture, ne vous occupez-vous pas de la propagande du galéga ?

— C'est, répondit-il, que j'ai trop de plantes à suivre,

et s'il me fallait exclusivement consacrer mon temps à chaque spécialité digne d'intérêt, je ne pourrais plus embrasser l'ensemble des travaux qui doivent m'occuper.

IV

Retour à Saint-Éloi. — Réflexions.

Je pris congé de M. Pépin pour me rendre au presbytère de Saint-Eloi où je demeure. J'avais une longue traite à parcourir, plus de la moitié de la longueur du boulevard Mazas à franchir; j'avais donc le temps de penser. Mes premières réflexions revinrent frapper mon esprit. Faut-il que j'entre dans la voie des novateurs, que mes courts et rares loisirs je les absorbe dans une étude qui me séduit parce qu'elle m'est inspirée par un désir ardent d'être utile à l'agriculture, et que j'y suis encouragé par un des hommes savants les plus dévoués à la culture des champs et des jardins? Quand on n'est ni un agronome renommé, ni un propriétaire qui fait autorité, n'est-ce pas usurper que de se donner la prétention d'entrer dans la voie des gros bonnets qui couvrent les sillons de nos plaines ou qui président à l'écorcement des bois (1) à la vapeur et à l'aménagement des forêts? Et puis se risquer à être enregistré sur la légende décriée des *rêveurs!*

— Enfin, me disais-je encore, si le galéga est une plante aussi valeureuse que l'affirme M. Pépin et aussi bonne que le professe M. Boitel, cet homme d'une pratique déjà longue, d'un sens droit et d'une modestie réelle, pourquoi ne serait-elle pas répandue, cultivée de toutes parts, dans ce temps où une fièvre de spéculation, où une ardeur du progrès agricole dévore tous les possesseurs de la terre?.....

Puis, je me rappelai que la luzerne, cette plante d'un profit souverain, a mis deux mille trois cents ans à venir de la Médie pour être la fortune de la grande et de la petite culture. Je me rappelai encore ce qu'il a fallu de constance et d'énergie au grand Parmentier pour doter son

(1) L'écorcement du bois à la vapeur, par M. Joseph Maître, est une innovation du plus haut intérêt.

pays de la pomme de terre ; enfin que toute chose et toute plante profitables n'arrivaient dans l'usage qu'à un temps donné, et j'osai penser que le temps du galéga oublié était peut-être arrivé ; qu'en hâter la propagation pourrait être un acte de patriotisme ; que, si je n'avais ni le titre d'un savant agronome, ni l'autorité d'un grand propriétaire, j'avais du moins, dans le sang, ce qui distingue à un haut degré les gens de ma profession : le feu sacré du progrès qui rayonne dans l'ame de tous les instituteurs français ; que le temps où le mot progrès était rayé du vocabulaire classique était passé ; qu'on me pardonnerait d'avoir cultivé le *galéga* parce que d'utiles pratiques, d'efficaces enseignements surgissent tous les jours, couvés et éclos dans l'âme chaleureuse des instituteurs nationaux.

J'étais sous ces dernières impressions quand j'arrivai à Saint-Eloi.

V

Le Bon Jardinier et le Galéga.

Rentré chez moi, je n'eus rien de si pressé à faire que de consulter *le Bon Jardinier* de l'année 1824, bouquin que m'a laissé mon grand-père. Ce livre est d'ailleurs respectable, car l'édition citée a pour auteurs MM. Vilmorin, grainier du Roi, et M. Noisette, membre des sociétés horticulturales de *Londres* et de *Berlin*, de France aussi, cela va sans dire, je le suppose du moins. Cette édition est dédiée à M. André Thouin, professeur d'agriculture, membre de l'Institut, etc. — On y lit page 239 :

« GALÉGA, OU RUE DE CHÈVRE, *Galega officinalis*. Je parle (1) de cette plante, parce que plusieurs ouvrages l'ont *recommandée*, et que les amateurs d'agriculture en demandent souvent de la graine. Ceux qui voient le galéga dans les jardins, où ses touffes sont si fournies et si fourrageuses, doivent en concevoir, en effet, une

(1) Est-ce M. Vilmorin qui parle ou M. Noisette ? Je pense que c'est M. André Thouin qui, malgré sa grande autorité, s'énonce ici d'une manière vague, n'exprimant aucune conviction personnelle, rien de fixe et répercutant l'écho des données inexactes de Bosc, aussi célèbre que lui en son temps.

idée avantageuse, et désirer l'essayer en prairie artificielle; mais malheureusement, il *paraît*, d'après diverses observations, que ce fourrage ne convient pas aux bestiaux, ou que du moins ils le refusent d abord, et que, dans les paturages, ils n'y touchent point. S'il n'a pas été fait d'expériences positives à ce sujet, *ce que j'ignore*, il est à désirer qu'on les fasse; car on sait que les bestiaux refusent souvent une nourriture même fort bonne pour eux, et à laquelle ils s'accoutument très-bien après quelques tentatives. S'il en était ainsi du Galéga, il pourrait devenir précieux par sa grande vigueur, son prodnit considérable et sa longue durée. Environ 40 livres pour un hectare. »

Comme tout doit progresser, — c'est la loi religieuse, morale et intellectuelle, — voyons *le Bon Jardinier* de 1854 et années suivantes; nous y trouvons au frontispice non plus MM. Vilmorin et Noisette seulement, mais les célébrités contemporaines, MM. Poiteau, Decaisne, Neumann et Pépin. On lit comme cliché dans ces nouvelles et compactes éditions, à l'article *Ga'ega officinalis* (Linné) : « Ceux qui voient le Galéga dans les jardins où ses touffes sont si fournies et si fourrageuses, doivent en concevoir une idée avantageuse et désirer l'essayer en prairie artificielle; mais, quoique recommandé dans plusieurs ouvrages, il *paraît*, d'après diverses observations, que ce fourrage ne convient pas aux bestiaux, ou que du moins ils le refusent d'abord, et que dans les paturages des contrées où il croît naturellement, ils le laissent intact. S'il n'a pas été fait d'expériences positives à ce sujet, *ce que j'ignore*, il est à désirer qu'on les fasse ; car on sait que les bestiaux refusent souvent une nourriture même fort bonne pour eux, et à laquelle ils s'accoutument très-bien après quelques tentatives; s'il en était ainsi du Galéga, il deviendrait précieux par sa grande vigueur, son produit considérable et sa longue durée. Environ 20 kilog. par hectare. » (*Bon Jardinier*, 1854, p. 575 et années suivantes.)

Si l'on compare le texte des deux articles Galéga insérés l'un en 1824 et l'autre en 1854 dans le *Bon Jardinier*, on est frappé de l'identité du texte à une ou deux variantes près.

Comme cet ouvrage, à juste titre, en raison du mérite incontestable de ses fondateurs et de ses continuateurs, doit faire autorité (1), nous avons tiré et l'on pourra tirer avec nous les conclusions suivantes :

1° Que le Galéga, plante de la famille des Légumineuses, pourrait devenir précieux par sa *grande vigueur, son produit considérable et sa longue durée*, s'il était fait des expériences positives relativement à l'usage de cette plante fourragère ;

2° Que depuis quarante ans, il est à désirer qu'on fasse ces expériences ;

3° Que les auteurs précités ignorent s'il en a été fait ;

4° Que, sur la foi de dires vagues, ils croient, ils pensent, *il paraît* que dans les contrées où le galéga croit naturellement les animaux n'en font aucun usage ; que pourtant, si les animaux refusent souvent une nourriture même fort bonne pour eux, ils s'y accoutument très-bien après quelques tentatives ;

5° Que, dans l'espace de quarante ans, aucune étude, aucune expérience positive n'a été faite à l'égard de cette fourragère *vigoureuse, d'un produit considérable et d'une longue durée.*

6° Qu'enfin, conséquemment et évidemment, il y avait là quelque chose à faire.

Ce quelque chose à faire je me sentais plein du désir de le tenter, non par mes forces personnelles et absolues, mais par une passion du bien, laquelle avec un peu de courage surmonte les difficultés, bravant les préjugés, risquant sa peine, et s'imposant des sacrifices ; si l'on rencontre de multiples dégoûts, de cuisants mécomptes dans tout effort généreux, il y a aussi au revers de la médaille de nobles et encourageantes sympathies. J'étais d'ailleurs fort de l'enseignement et de la bienveillance de M. Pépin et je posais mon espoir dans des forces d'un ordre supérieur qui jusqu'ici ne m'ont pas failli. J'en parlerai ci-après.

(1) Il est à remarquer que le *Nouveau Jardinier illustré*, ouvrage remarquable, rédigé par MM. A. Lavallée, L. Neumann, Cels, etc., et édité par E. Donnaud, ne parle pas du galéga, ni comme plante d'agrément, ni autrement.

VI

Bosc, membre de l'Institut et le galéga.

Je consultai avec ardeur les livres où je pusse rencontrer des renseignements, trouver des faits relatifs à la plante qui déjà m'était si chère. J'ouvris le *Dictionnaire raisonné et universel d'agriculture*, par les membres de la section d'agriculture de l'Institut, édité in-4°, à Paris, 1810, tome VI; j'y lus l'article qui suit :

« GALÉGA. Plante à racine rameuse, vivace, à tiges droites, fistuleuses, cannelées, presque ligneuses, rameuses, hautes de deux à trois pieds (1); à feuilles pétiolées, stipulées, ailées avec impaire, composées de sept ou neuf folioles ovales, lancéolées, échancrées au sommet, longues d'un pouce et plus, à fleurs blanches, disposées en grappes et pendantes au sommet de longs pédoncules terminaux et axillaires, qui fait partie d'un genre dans la diadelphie décandrie et dans la famille des Légumineuses.

On trouve le galéga dans les parties méridionales de l'Europe, dans les terrains gras et frais, sur le bord des eaux et on le cultive dans les jardins à raison de la beauté de sa fane et de la longue durée de ses fleurs, qui s'épanouissent successivement jusqu'aux gelées.

C'est dans les parterres, sur le bord des massifs, le long des ruisseaux, que se plante le galéga dans les jardins paysagers. Il faut que ses touffes ne soient ni trop petites, ni trop grosses pour produire tout leur effet. Un terrain substantiel, plutôt léger que fort, est celui qui lui convient le mieux; cependant il s'accommode plus ou moins de tous. On le multiplie par le semis de ses graines, en place ou dans une planche exposée au levant et bien préparée; mais, comme elles se répandent toujours assez et souvent même plus qu'on

(1) Celui que je cultive à Saint-Eloi et que j'ai laissé croître sans en prendre de coupes, fin de juin, mesurait 2m de hauteur.

ne veut, on a rarement recours à ce moyen ; on se contente de lever les jeunes pieds crus naturellement autour des vieux, ou l'on déchire ces derniers.

Les feuilles du galéga ont une odeur aromatique et une saveur d'abord douce et ensuite acre (1). On les regarde comme sudorifiques et alexitères, mais on en fait peu d'usage en médecine.

L'abondance de la fane du galéga et la facilité de le cultiver ont fait désirer d'en former des prairies artificilles ; mais il est peu du goût des bestiaux, qui n'en mangent que les plus jeunes pousses, encore pas beaucoup à la fois, ainsi que je m'en suis assuré en Italie, le long des chemins et dans les pâturages, où ses touffes restent entières (2). Il serait peut-être *possible* cependant de les y accoutumer ; mais alors on aurait l'obstacle de la dureté des tiges (3). Je ne me suis pas aperçu que dans les parties méridionales de la France, ni nulle part on le cultivât pour cet objet :

« C'EST RÉELLEMENT DOMMAGE.

« Un écrivain a annoncé l'avoir cultivé dans cette intention et y avoir trouvé beaucoup de profit ; cependant j'ai tout lieu de croire que le fait est faux. Cette plante vient si haut, pousse un si grand nombre de tiges, qu'il semble qu'on trouverait de l'utilité à la cultiver uniquement pour faire de la litière ou pour chauffer le four.

« C'est aux propriétaires des départements du Midi surtout, qui manquent si souvent de fumier et de bois, à vérifier cette conjecture par l'expérience. Dans tous les cas, il serait un bon amendement pour les terres dans un système régulier d'assolement.

(1) Maintes fois, j'ai mâché des feuilles du galéga ; jusqu'ici, je n'ai pu découvrir l'âcreté dont parle Bosc.

(2) L'académicien a sans doute parcouru l'Italie en touriste, car, d'après le témoignage, entre nos mains, de l'Académie royale des Georgofili, de Florence, le galéga, appelé la *capraggine*, est servi sec l'hiver aux races ovines, en Italie.

(3) La dureté de la tige n'existe réellement que dans la plante qui a fourni toute sa croissance. Si on en fait des coupes lorsque les pousses n'ont que 45 à 50 centimètres de haut, le fourrage n'est pas plus dur que tout autre.

IMPR.

« On appelle vulgairement le galéga *rue de chèvre, lavanèse, faux indigo.* On en peut, dit-on, obtenir une fécule analogue à celle de l'indigo ; mais il faut qu'elle soit en bien petite quantité, puisqu'on n'a pas cherché à en tirer parti pour la teinture.

Bosc,

Inspecteur des fermes impériales. »

En réfléchissant sur les paroles qui précédent, on ne peut s'empêcher de constater et d'admettre, malgré tout le respect dû à la mémoire d'un membre de l'Institut, d'un savant professeur de son temps, sous le premier Empire, que Bosc n'a vu qu'en passant le galéga en Italie, car il lui attribue des fleurs de couleur blanche et semble ignorer que la variété à fleurs lilas est aussi commune et peut-être plus répandue que celle à fleurs blanches. Bosc n'a pas étudié, ni suivi par lui-même la culture du galéga, car s'il l'eût fait sérieusement, il eût appris que les feuilles du galéga n'ont, vertes, comme il l'indique, aucune odeur, aromatique et qu'à l'état de fourrage sec, elles exhalent le parfum, le plus doux de la meilleure luzerne et du foin le plus parfait. Cependant, en homme savant qui a l'instinct de la valeur nutritive de toutes les plantes légumineuses, lesquelles, le cytise excepté, n'ont aucun principe vireux, toxique ou nuisible, il s'écrie du fond de sa conscience, en regrettant qu'une si belle plante ne soit pas cultivée ni exploitée au profit des animaux :

C'EST RÉELLEMENT DOMMAGE !

et il ajoute : « Un écrivain a annoncé l'avoir cultivée dans cette intention et y avoir *trouvé beaucoup de profit.* Cependant j'ai tout lieu de croire que le fait est faux. »

Et pourquoi un écrivain cultivateur aurait-il ainsi menti ? Aussi Bosc n'assure-t-il pas carrément que ce soit un mensonge, et se garde de citer les faits qui le puissent prouver.

Et voyons, à cette occasion, la vérité de ces quatre mots d'Horace, quand il formule les dangers de publier témérairement sa pensée :

....*Nescit vox emissa reverti.*

Bosc avait une grande autorité puisque à son titre de membre de l'Institut il joignait ceux de professeur d'agriculture et de directeur du jardin botanique de Paris. Son article, publié en 1810 sur *le Galéga*, a été un anathème pour cette plante superbe. Ce texte a servi de thème à un article de M. Leclerc-Thouin, et aussi à la note du *Bon Jardinier* sur cette plante jusqu'en ces derniers temps. Et c'est ainsi que le Galéga a été mis au banc de l'inutilité parmi les plantes depuis cinquante-sept ans. J'aime à citer ici par compensation une grande vérité proclamée par M. Baillly de Merlieu, vérité encourageante; il la place dans la *Maison rustique*, t. II, p. 155 ; Paris, 1837.

VII

Bailly de Merlieu, M. Pépin et la Maison Rustique. — Le curé Ammermuller.

« Les végétaux les plus précieux de notre agriculture sont nés, dit Bailly de Merlieu, de plantes sauvages, dont pour la plupart nous avons encore les types sous les yeux, et qu'une longue culture a considérablement modifiés et améliorés; d'autres sont issus de plantes exotiques également sauvages et pareillement améliorées. Nul doute que parmi les végétaux indigènes et exotiques non encore soumis à la culture, *il en existe plusieurs qui pourraient l'être avec avantage.* »

Alors suit la liste des végétaux récemment introduits dont on pourrait utiliser les produits; les seconds de ces végétaux sur la liste sont les *Galégas* traités par M. Pépin. Nous croyons devoir reproduire cette coupure, au risque de répéter ce que déjà nous avons écrit.

« Les *Galégas*, plantes vivaces, écrit M. Pépin, de la famille des Légumineuses, dont les deux espèces qu'on cultive en pleine terre, croissent dans tous les terrains, même les plus médiocres et sans profondeur et ne craignent ni les froids, ni la sécheresse.

Le Galéga officinal ou *rue de chèvre* a été recommandé à l'article Prairies. — « Le *Galéga d'Orient* (G. orientalis), n'a peut-être pas été essayé en grand, et il n'est guère cultivé que pour la décoration des grands jardins; mais s'il est moins vigoureux que ceux de la première espèce, sa grande précocité, puisque ses feuilles se développent pour ainsi dire sous la neige, le rendent *très-précieux pour la nourriture des bestiaux*, auxquels il fournit un fourrage vert à une époque où il est fort rare. On peut aisément en obtenir deux coupes dans l'année, après l'avoir fait brouter sur place au printemps. Cette plante donne des graines en assez grande quantité : 40 ou 45 livres suffisent pour ensemencer un hectare. »

Ajoutons qu'à l'apparence le *galéga oriental* ne diffère en rien du *galéga officinal*.

Leclerc-Thouin, cité plus haut, nous apprend que vers la fin du siècle dernier M. Ammermuller, curé dans le Wurtemberg, après plusieurs expériences, répandit la culture du galéga dans les environs de Derlinguen. J'aurais bien des regrets si j'omettais de citer un tel ami de l'agriculture, car je suis persuadé que tout curé de campagne qui aime et connaît l'agriculture, ses paroissiens le connaissent et l'aiment (1).

VIII

Recherches sur le Galéga. Les dictionnaires; la routine.

En poursuivant mes recherches, je trouvai qu'en 1597, un auteur anglais, dans son *Histoire des plantes*, ouvrage in-folio, publié à Londres, classe le *galéga* parmi les végétaux de l'Angleterre. De même Parkinson, pharmacien à Londres, dans son livre publié en Angleterre sous le titre de *Paradis terrestre*, cite comme plante anglaise le galéga qui nous occupe. Il l'appelle *Galega vulgaris*, nom adopté par Pitton de Tournefort, professeur de botanique au Jardin royal des plantes, dans ses *Eléments de botanique*, imprimés à l'Imprimerie royale, in-8°, en 1694.

En 1760, le docteur Lemery, dans son *Dictionnaire universel des drogues*, in-4°, s'exprime ainsi sur notre plante :

(1) *Ego cognosco oves meas et cognoscunt me meæ.*

(SAINT JEAN.)

« Le *Galéga, Ruta capraria* d'après Gesner, est une plante qui pousse plusieurs tiges à la hauteur de trois pieds (1), cannelées, vuides, rameuses. Ses feuilles sont semblables à celles de la vesce, mais plus longues, attachées par paires le long d'une côte terminée par une seule feuille, ayant chacune en son extrémité une manière de petite épine molle, d'un goût de légume. Ses fleurs naissent en épis, légumineuses, de couleur blanche ou violette-blanchâtre : quand ces fleurs sont passées, il paraît des gousses grêles et rondes, qui renferment des semences oblongues. Ses racines sont blanches, *menues, éparses* (2). Cette plante croît aux lieux humides et gras ; elle contient beaucoup de sel essentiel et d'huile. »

Vertus. « Elle est sudorifique, elle résiste au venin ; on s'en sert pour la peste, pour l'épilepsie, pour la morsure des serpents, pour les vers. »

De là je passai à un Dictionnaire des sciences naturelles, in-8°, publié à Paris, en 1820, chez Levrault. Je retrouvai là, à l'article *Galéga,* le chapitre de Bosc, précédemment cité par nous, page 16.

La planche était faite, les auteurs y ont passé ; donc de 1810 à 1820 rien de nouveau, pas d'étude sur le galéga. Pourtant le susdit dictionnaire note cette particularité sur cette plante : « Dans certains cantons de l'Italie, on mange ses feuilles, comme herbes potagères, ou cuites ou en salade. »

Je voulus savoir si, dans nos derniers temps, des chercheurs de nouveautés auraient enfin fait les expériences non faites, et *ce qui*, au dire de Bosc, *était réellement dommage.* Je tombe sur un ouvrage in-8°, intitulé : *Cours complet d'agriculture par nos premiers professeurs, économistes, agriculteurs, médecins-vétérinaires*, publié à Paris en 1846. A l'article *Galéga,* tome X, je trouve un assez long chapitre. Quel était ce chapitre ? le texte de Bosc, imprimé en 1810, ni *plus,* ni *moins.*

Que nos lecteurs n'aillent point inférer de ceci que j'instruis le procès des auteurs des dictionnaires cités ci-dessus. Je ne suis point un polémiste ; je ne critique

(1) Celui que j'ai laissé pousser dans ma culture mesurait, fin de juin 1867, 2 mètres de hauteur.

(2) C'est en quoi le galéga diffère particulièrement de la luzerne, qui a un long pivot, à laquelle il faut un sol meuble, profond.

(*Notes de l'Auteur.*)

personne, parce qu'il ne faut jamais faire à autrui ce que nous ne voudrions pas qu'autrui nous fît. Les savants professeurs ont cédé à leur foi en un savant qui, à titres multiples, faisait autorité. Bosc, membre de l'Institut, qui était allé en touriste en Italie, avait écrit. *Magister dixit*, le maître l'a dit; ils ont copié le maître.

Le maître l'a dit!

C'est l'aphorisme de la routine. La routine n'est-elle pas une force? force négative, il est vrai, mais enfin c'en est une; c'est le barrage du progrès, et pour éliminer ce qu'elle enseigne, il faut l'action du temps qui inspire ou suscite les novateurs. Et rappelons-nous que la luzerne a parcouru deux mille trois cents ans, vingt-trois siècles, avant de nous enrichir de ses bienfaits!

Consultons le gros dictionnaire universel de Bescherelle; c'est une nouveauté à la mode. J'y cherche le mot *Galéga*. Je trouve : *Galéga*, plante légumineuse, *Rue*. Ainsi la Rue est le Galéga.

La Rue est une plante-arbuste d'une nature distante de celle du galéga. Bescherelle avait lu que le *galéga* est la *rue de chèvre*. Sa définition, si elle était comprise dans son sens, ressemblerait à celle de l'homme par Platon. Ce philosophe, ayant défini *l'homme un animal bipède et sans plumes*, avait dit vrai, parce que l'homme n'a que deux pieds et n'a pas de plumes. Mais cette définition n'était pas, en terme d'école, réciproque. C'est pourquoi l'on rapporte que Diogène, peu satisfait du dire du grand philosophe, quant à l'homme, s'avisa de plumer un coq vivant. Il alla le jeter dans l'école de Platon en s'écriant : Voilà un homme.

Il existait en 1808 un botaniste nommé Jaume-Saint-Hilaire, demeurant rue des Fossés-Saint-Victor. Comme Homère, il vendait lui-même ses œuvres. Il composa un ouvrage en plusieurs volumes in-4° sous le titre de *Plantes de la France*, décrites et peintes d'après nature par l'auteur. On y lit ce qui suit sur le galéga :

« *Galéga officinal*, famille des légumineuses, système sexuel diadelphie décandrie, vulgairement le *Lavanèze*, *Rue de Chèvre*. Cette plante croît naturellement dans plusieurs parties de la France; elle est très-commune dans les prairies du Piémont. Elle fleurit en juillet et août. On la nomme en allemand *die Geisraute*, *Pockenraute*; en hollandais, *Vlakkenkruid*; en anglais, *Galega or goat's rue*; en espagnol, *Galega, ruda de Capra*; en italien, *Capraggine*; en piémontais, *Bavarosce*; en hongrois, *Ketske ruta*.

« On cultive le galéga *comme un bon fourrage*, en le mêlant au sainfoin et au trèfle; mais, lorsque ses tiges sont trop dures, les bestiaux ne les mangent pas. Le galéga est vivace et rustique. On le multiplie facilement par ses graines, semées dans tout terrain. Elles s'y propagent souvent d'elles-mêmes, plus qu'on ne voudrait. »

Ainsi le botaniste Jaume-Saint-Hilaire admet et publie que *le galéga est un bon fourrage* en le mêlant avec le sainfoin et le trèfle. Ce savant n'a pas de préjugés. Il dit ce qu'il a appris comme un fait et nous sommes fondé à admettre qu'il dit vrai.

IX

M. Denys, curé de Saint-Éloi et le Galéga, Première culture.

Ces premières études faites, nous les communiquâmes à un ami d'enfance, au curé de Saint-Eloi, dans le presbytère duquel nous demeurons.

M. l'abbé Denys aime les arts, s'associe avec spontanéité à tout ce qui comporte un genre de progrès. Que d'artistes, que de littérateurs n'a-t-il pas aidés de ses avis, de son crédit, encouragés, servis de sa bourse, comme il soulage les pauvres de son argent et leur enseigne la voie du bien ; il est plein d'une pieuse vénération pour le saint évêque de Noyon, qui fut forgeron, ministre du roi Dagobert et prélat, parce qu'à ces titres illustres il joint celui de patron de l'église qu'il a fait bâtir rue de Reuilly, au faubourg Saint-Antoine. M. Denys est le premier curé de cette paroisse. Comme dans les fondations religieuses du moyen âge, l'église est entourée d'un jardin où s'élève la maison curiale. Le jardin de Saint-Eloi, dessiné avec un goût sévère, est, en partie, planté de massifs de lilas où s'élèvent des acacias, des robiniers et quelques ailantes. Les allées sont ménagées autour d'une pelouse de manière à permettre d'y faire les processions des Rogations et celles de la Fête-Dieu ; c'est la campagne en miniature où la confrèrie de Saint-Fiacre tient, au milieu d'une forêt de grenadiers et de magnolias grandifloras, sa grande assise le 30 août, et où les petits enfants du faubourg reçoivent la bénédiction de Dieu à la fête du Saint-Sacrement. La partie sud du jardin est distribuée par planches et constitue le potager.

« Bien, me dit M. l'abbé Denys, par saint Eloi, patron des laboureurs, nous cultiverons le galéga, je vous livre mon potager et je vous abandonne ma pelouse. — Ah! cher curé, merci ; c'est beaucoup, beaucoup trop. Que la bénédiction du grand saint Eloi soit répandue sur le galéga, je le crois; mais je n'ai de la graine que pour en garnir deux mètres carrés. — Choisissez, dit M. le curé, vous êtes libre; si vous récoltez de la graine, vous ensemencerez plus de terrain l'an prochain. » Je donnai à la terre une fumure d'engrais mixte de paille et de colombine, et j'avais un petit sac de guano Derrien, j'en ajoutai une partie. Après un bon labour, j'ensemençai un mètre de *Galega orientalis* et un mètre de *Galega officinalis*. Cette graine, observée à la loupe, est comme la graine de luzerne, un petit haricot. Je la couvris en général très-peu et bien je fis, car j'ai remarqué depuis que, lorsque cette graine est trop couverte, la germination avorte et la plante ne sort pas de la terre. Quand le temps est humide et la température à 15 ou 16 degrés, la graine de galéga met huit ou dix jours à lever; encore lève-t-elle irrégulièrement, c'est-à-dire que, semées dans les mêmes conditions, des semences apparaissent dans un temps donné, d'autres ne lèvent que très-longtemps après. Ainsi, j'ai vu des grains semés en septembre ne lever que dans les premiers jours de décembre suivant. M. Pépin, que j'aime à citer, m'a assuré que des graines de plantes légumineuses restent quelquefois trois ans en terre avant de germer.

La graine du *Galega orientalis* ne me donna qu'un seul pied, mais celle du *Galega officinalis* leva de manière à bien garnir toute la surface de son mètre carré. Le plant était d'un beau vert et passa l'hiver sans paraître souffrir. Il avait *pris racine*, selon l'expression poétique de l'Ecriture, *comme une plantation de beaux rosiers dans les champs fertiles de Jéricho.* Aux premiers jours du printemps suivant, je racontai à un vieux jardinier du Jardin des Plantes ce qui m'était arrivé pour le *Galega orientalis*, dont la semence n'avait rien produit. Il me donna un vieux pied de *Galega officinalis* en me disant : « Eclatez ce pied, vous aurez avec cela de quoi repiquer du plant sur votre terrain libre. » En effet, j'obtins, de ce même pied seize éclats qui, repiqués, me procurèrent, la même année, les plus beaux produits. Ils ont trois ans actuellement et leur pousse mesure, au 10 juin, 1 mètre 06 centimètres de hauteur.

Le Galéga se reproduit par la graine et par les drageons de ses pieds.

X

Second ensemencement du Galéga à Saint-Éloi. Les chevaux d'une mariée.

L'année suivante, 1865, avec la graine de mon mètre carré et celle que me donna la libéralité de M. Pépin, enfin avec quelques hectogrammes que le commerce put me fournir, j'accrus mes ensemencements, qui envahirent même la pelouse du jardin de Saint-Éloi ; je me sentis à l'aise et dès lors commencèrent mes expériences quant à la question à résoudre, savoir : si les bêtes herbivores mangent ou refusent le galéga.

Il y avait dans mon voisinage des lapins. Je leur en administrai pendant tout l'été chaque jour une ration qu'ils ont constamment bien mangée, et pourtant ces bêtes étaient presque toujours repues d'aliments succulents, de pain, de carottes, etc.

Un beau jour, vers midi, j'aperçus une file de voitures rangées près de l'église, rue de Reuilly. En tête était un équipage de maître, servi par deux grands chevaux du noir le plus fin et le plus luisant. Il descendit de cet équipage une ravissante fiancée. Qui n'est fasciné par l'éclat de la beauté, les charmes de la toilette et par cet ensemble de manières qui s'appellent aristocrates. De même que le faubourg Saint-Germain, le faubourg Saint-Antoine se pique d'avoir son aristocratie. C'est l'aristocratie du travail et de l'intelligence. Le premier qui fut noble ne fut-il pas un serviteur de la patrie, vaillant dans les guerres ? et pourquoi le travailleur devenu riche ne donnerait-il pas à sa fille, en la mariant, deux beaux chevaux noirs, grands, gras et forts ? Si ces chevaux-là, tout bridés et tout repus, me disais-je, mangent du galéga, ce sera bon signe ; et puis, des chevaux d'une jolie mariée doivent porter bonheur. En quelques coups de faux, j'eus une brassée de galéga vert. Les chevaux noirs me l'arrachèrent ; je les laissai faire et je présentai le reste à quatorze chevaux de sept fiacres. Ah ! quant à ceux-là, si j'avais eu 25 kilog. de galéga à leur administrer, ils les auraient parfaitement avalés.

Je ne cite cette expérience, qui m'est exclusivement personnelle, que comme un point de départ, relativement à celles qui seront relatées ci-après ; et d'ailleurs je n'ai pas la prétention, dans cet opuscule, de me poser autorité. Je ne suis qu'un chercheur. J'engage les autres à chercher avec moi, et si quelqu'un de mes co associés trouve et vérifie, après expériences sérieuses, constantes, que les animaux peuvent s'accoutumer à prendre ce fourrage, tombera ce regret de Bosc qu'une si belle plante ne soit pas cultivée ni exploitée au profit des animaux. On ne pourra plus imprimer : C'est réellement dommage !

Or, comme les animaux refusent d'ordinaire une plante, même la meilleure, pour la première fois qu'elle leur est présentée, mon expérience sur les chevaux du mariage aristocrate dit ci-dessus avait déjà une signification ; elle parlait en faveur de la fourragère et elle était un encouragement à poursuivre l'étude que j'avais commencée.

XI

Deux cent quatre-vingt-cinq mille trompettes annoncent le Galéga. — M. De la Salle, M. Sanson et les lapins.

Jusqu'ici je n'avais pour confidents de mes études que M. Pépin et M. Boitel. Ce dernier a dans la chose une foi sans enthousiasme, mais très-prononcée, et je dois l'en féliciter ici; quand mon courage faiblissait, entamé par ces mille contrariétés qui surgissent dans toute affaire ici-bas, c'est lui qui le relevait par ces mots :

Je crois, j'ai confiance, et l'agriculture un jour nous saura gré de nos efforts.

Comment conduire cette entreprise pour le profit agricole ?

Je voyais pousser notre plante. Mais quel sera son rendement, comment propager sa valeur ? Faut-il consulter les sociétés savantes ? — La plante n'est pas vulgairement connue ; il faudra passer par les commissions, les rapports, séances diverses ; il faudra attendre dix-huit mois pour une solution, et laquelle ? que des expériences suivies n'ont pas été faites, qu'il est à désirer qu'on les fasse !

Dans ces réflexions, et j'ose dire dans mon impatience, je m'adressai au public agricole.

M. Paul Dalloz, directeur du *Moniteur universel*, toujours prêt à servir toute tendance généreuse en faveur des arts, de l'industrie ou de l'agriculture, m'ouvrit les colonnes du *Moniteur* du soir. Je fis plusieurs articles sur le galéga. Par ses deux cent quatre-vingt-cinq mille trompettes et plus, le journal officiel du soir fit résonner jusque dans le plus humble hameau le nom du Galéga, plante fourragère. M. Paul Dalloz a fait en sorte, par sa bienveillance particulière, que le galéga s'est produit dans la classe agricole. Sans cette bienveillance que je n'oublierai jamais, le *Moniteur des communes* n'aurait pas publié un article étendu de nous, qu'il a emprunté au *Moniteur* du soir du 6 avril 1867.

Plusieurs journaux de Paris et des départements s'associèrent à cette propagande, entre autres la *Gazette des campagnes*, le *Journal du Loiret*, l'*Union agricole de Chartres*, la *Maison de campagne*, et surtout l'*Industriel de Cambrai*, etc. Je remercie les rédacteurs de ces feuilles de leur concours intelligent et dévoué.

Dès lors, les grainiers épuisèrent leurs petits cornets, et les amateurs, ou, pour mieux dire, des amis de l'agriculture, vinrent visiter le galéga planté à Saint-Eloi. Parmi les visiteurs, je le note, à la gloire du progrès et du beau sexe, nous comptâmes, indépendamment d'hommes de qualité, des marquises, des baronnes, des comtesses. L'un des visiteurs, M. De la Salle, conservateur des hypothèques à Fontainebleau et propriétaire dans le Loiret, ayant paru désirer des pieds de mes semis de l'année, je lui en arrachai plusieurs que je levai en motte, après avoir mouillé la terre. Ce propriétaire les planta dans son jardin, où ils reprirent parfaitement, à ce point que ces pieds aujourd'hui sont de la plus belle venue. Il en détacha plusieurs pousses et les donna à des lapins, qui, selon l'expression de M. De la Salle, les ont *dévorés*. « C'est là l'expression, m'écrivait-il, car ils ont quitté les feuilles de chou qu'ils aiment beaucoup, pour les feuilles de galéga ».

M. De la Salle a pour ami M. A. Sanson, et il a, à juste titre, une grande confiance dans ce savant professeur de zootechnie et d'art vétérinaire (1). Il lui écrivit pour le consulter sur la culture et sur la valeur nutritive du galéga, pour savoir surtout si, comme le lui avait dit un jardinier, cette fourragère était nuisible aux bêtes qui en mangeaient. Le 21 septembre 1866, l'honorable professeur répondit à M. De la Salle la lettre suivante, que nous croyons devoir reproduire en entier.

21 septembre 1866.

« Monsieur,

« La question que vous me faites l'honneur de me poser n'est pas, pour une de ses parties, de ma compétence spéciale. Je serais fort embarrassé pour vous guider dans l'appréciation de la culture du galéga, au point de vue purement agricole ; vous en savez, sur ce sujet, beaucoup plus long que moi. Mais, si je ne me trompe, ce n'est point cela que vous attendez. On vous a dit que le fourrage fourni par la plante dont il s'agit est difficile à digérer, et vous avez l'obligeance de penser que je serai en mesure de vous éclairer à cet égard.

« Malheureusement, Monsieur, l'expérience manque pour asseoir une opinion tout à fait motivée quant à la valeur alimentaire du galéga ; l'on ne peut avoir sur le sujet que des indications purement théoriques. Je vous dirai donc que le fait de votre horticulteur ne me paraît pas avoir *a priori* une bien grande valeur. Le trèfle et la luzerne donnent aussi de fréquentes indigestions ; pourtant nul ne s'abstient de les cultiver pour ce motif.

(1) Auteur d'un livre remarquable sur le cheval, l'âne et le mulet, sous le titre : *Applications de la zootechnie*.

Cela n'arrive qu'aux fourrages fortement nutritifs, et commande seulement de les administrer avec certaines précautions. Les lapins, dites-vous, mangent le galéga avec avidité : c'est une forte présomption en sa faveur.

« Je crois donc devoir vous engager à poursuivre votre expérience, dont les résultats bien observés pourront être fort importants. J'oserai vous prier, lorsque vous en aurez recueilli les résultats aux divers points de vue qui vous préoccupent, d'en faire bénéficier les lecteurs de la *Culture*. La question est neuve et l'expérience en toute chose est le souverain juge.

« Je vous prie d'agréer, Monsieur, l'assurance de mes sentiment dévoués.

« A. SANSON. »

« Ainsi que le dit M. Sanson, ajoute M. De la Salle, c'est une plante qui n'est pas connue, et qui, sous tous les points, mérite d'être essayée.

« J'ai visité, poursuit-il, un manœuvre habitant tout près de la Missaudière (sa propriété dans l'arrondissement de Montargis). Il a dans son jardin plusieurs pieds de galéga qu'il a pris dans le jardin d'un château voisin. Cet homme m'a dit que c'était une plante dont il ne pouvait se débarrasser. Il l'arrachait et la donnait à sa vache, qui ne s'en est jamais trouvée incommodée.

« Sur l'observation que je lui ai faite que du moment que cette plante venait avec tant de vigueur, que sa vache la mangeait avec plaisir, il ne lui soit pas venu à l'idée de la cultiver, il m'a répondu : *Ce n'est pas la mode dans le pays.*

« Il m'a promis de récolter la graine de quelques pieds qui lui restent et d'en semer aussitôt qu'il en aura.

« Je présume que mes semences ont été faites trop tardivement l'an dernier, et que c'est là le seul motif qui a empêché la graine de lever à la Missaudière. La planche de mon jardin à Fontainebleau est très-jolie, la plante mesure en ce moment (27 avril) 30, 35 et même 38 centimètres de hauteur. Les pieds que je dois à votre obligeance ont talé considérablement et sont bien plus forts que ceux que j'ai semés. » (1)

(1) J'ai remarqué, en effet, que le repiquage des pieds exerce une certaine influence sur leur végétation, qui, loin d'en souffrir, s'en trouve singulièrement fortifiée. (*Note de l'auteur.*)

XII

M. Frère et ses chevaux. Expérience sur le galéga.

Cependant, ma culture à Saint-Eloi prospérait. Dès le principe, je l'avais fait voir à un voisin, à M. Frère, négociant en fourrages, rue de Reuilly, n. 38, et, dans la conduite de mes aspirations, j'ambitionnais le suffrage de cet homme de bien, parce qu'il est essentiellement praticien et que, créateur du plus important établissement pour les articles alimentaires des chevaux, grains, fourrages et issues, c'est un industriel intelligent, versé dans une connaissance approfondie des produits agricoles référant à sa spécialité. Nul, à mon sens, et je ne me trompe pas, n'apprécie mieux, pour l'usage, la valeur d'un fourrage ou d'une avoine (1).

Par un dévouement, qui lui est naturel, pour tout ce qui est utile, M. Frère suivit ma culture, fit mes récoltes de galéga et les serra dans son magasin, qui occupe une superficie de deux mille mètres carrés. J'avais là un bon auxiliaire.

Les sept chevaux de trait de M. Frère nous servirent à expérimenter le fourrage sec du galéga. Déjà et d'un autre côté, pour élucider notre étude, M. Gaucheron, professeur d'agriculture et de chimie agricole de la ville et du comice agricole d'Orléans, avait analysé du fourrage sec de *Galega officinalis*, provenant du jardin de Saint Eloi. En prenant, a écrit M. Gaucheron, résumant son travail, pour équivalent nutritif du foin des prairies, le chiffre 100 kilog., l'équivalent nutritif du galéga serait de 62 kilogr. 500 gr. ; en d'autres termes, la valeur nutritive du galéga est un tiers supérieure à celle du foin prototype. Voici le procès-verbal des expériences faites dans l'établissement de M. Frère.

(1) Livré tout entier et sans réserve à son importante industrie, M. Frère a inventé les *épurateurs de grains*, surtout de l'avoine et de la graine de foin. Il est parvenu à débarrasser l'avoine (et l'orge et le blé) de toute poussière non-seulement, mais de tout corps étranger nuisible à la mastication des grains par les bêtes. En raison de ces faits et des améliorations hygiéniques qu'il apporte sans relâche dans l'alimentation des chevaux, M. Frère est honoré d'une médaille de première classe par la Société protectrice des animaux, à Paris.

PROCÈS-VERBAL DES EXPÉRIENCES

faites dans l'établissement de M. Frère, négociant en fourrages, rue de Reuilly, 38, *à Paris.*

« Le soussigné, négociant en fourrages, propriétaire, rue de Reuilly, 38, à Paris, certifie ce qui suit : Depuis deux ans et demi, j'ai suivi avec assiduité la culture que fait M. Gillet-Damitte d'une plante fourragère légumineuse, nommée *Galega officinalis*. M. Gillet-Damitte avait commencé par ensemencer un mètre carré dans le jardin de M. Denys, curé de Saint-Eloi, mon voisin. Dès la première année, je fus frappé de l'abondance de fourrage que donne cette plante vigoureuse. M. l'abbé Denys ayant offert, par dévouement à l'agriculture, autant de terrain que M. Gillet-Damitte en voudrait consacrer à cette culture, j'ai vu ce dernier l'étendre et récolter dans la même année quatre coupes de fourrage sur la même superficie. Par un compte fait et mis sous mes yeux, le galéga de Saint-Eloi a fourni en fourrage vert : 1re coupe, le 21 avril, dans la proportion de 26,000 kilogrammes à l'hectare ; — 2e coupe, le 31 mai, 13,000 kilogrammes. —3e coupe, le 19 juillet, 19,500 kilogr. — 4e coupe, 21 septembre, 13,500 kilogr. J'estime que dans un terrain plus aéré qu'un jardin de Paris le rendement serait plus abondant. M. Gillet-Damitte a mis sous mes yeux les chiffres de l'analyse qu'a faite de ce fourrage M. Gaucheron, professeur de chimie agricole à Orléans, desquels chiffres il résulte que le galéga contient 33 0/0 de matière nutritive de plus que le bon foin de pré.

« Le 16 septembre dernier, M. Gillet-Damitte, M. Boitel, chargé de la culture des parcs de la ménagerie du Jardin des Plantes, et moi, nous avons offert à mes sept chevaux du fourrage sec du galéga. Ils l'ont mangé avec avidité, quoique d'ordinaire les bêtes rejettent même le meilleur produit quand on le leur présente pour la première fois. Le 20 suivant de septembre, la même expérience fut faite par M. Lainé, mon beau-frère, en présence de M. Gaultier de Claubry, officier de la Légion d'honneur, professeur à l'école supérieure de pharmacie de Paris (1).

« En raison de l'abondance de son produit, de sa qualité nutritive reconnue par la science ; par sa grande analogie avec la luzerne, enfin d'après l'expérience faite et renouvelée sur mes sept chevaux nullement affamés, je suis persuadé que le *Galega officinalis* peut être appelé à rendre de grands services à l'économie rurale, puisqu'au dire de M. Pépin cette plante, qui ne pivote pas à l'instar de la luzerne, *croît en tout terrain*.

« Fait à Paris, le 25 septembre 1866.

« FRÈRE. »

Avant de quitter Paris pour venir assister à la séance du comité central et agricole de la Sologne, M. Boinvilliers avait voulu se rendre compte par lui-même de la culture d'une plante fourragère dont nous avons eu occasion de parler plusieurs fois déjà : le *Galega officinalis* que l'agriculture compte dès aujourd'hui à son service, grâce à l'initiative et aux études de notre excellent compatriote, M. Gillet-Damitte. M. Boinvilliers a donc visité le jardin de M. Denys, curé de Saint-Eloi, à Paris, et, ainsi qu'il l'a déclaré, il a été frappé de la beauté du galéga et de son rendement extraordinaire comme fourrage. Il a vu les pieds, livrés à leur entière évolution, couverts de fleurs et mesurant jusqu'à deux mètres de hauteur ; il a vu également une surface verte qui, après avoir donné une première coupe en mai dernier, dans la proportion de 14,280 kil. à l'hectare, a été fauchée en sa présence et a fourni 12,220 kilog. de fourrage. Puis, l'honorable sénateur est allé visiter l'établissement de M. Frère, négociant-expert en grains et fourrages, et là, sous ses yeux, on a servi plusieurs rations de galéga vert et de galéga sec à neuf beaux chevaux qui l'ont mangé avec avidité. Cette expérience concluante a déterminé M. Boinvilliers à recommander cette plante fourragère à l'attention de ses collègues, et il a déposé sur le bureau deux échantillons de galéga. M. Gillet-Damitte, présent à la séance, a été autorisé à donner quelques explications sur la valeur nutritive du fourrage qu'il cultive. (*Journal du Loiret*, juillet 1867.)

(1) Elle a été répétée ensuite maintes fois, notamment le 31 octobre suivant, devant M. Guérin-Méneville, président de la société protectrice des animaux.

XIII

Correspondances de Praticiens

Nous avons noté que cette expérience avait été maintes fois répétée. Nous la faisons chaque fois qu'un visiteur demande à la voir. Nous croyons devoir consigner ici quelques lettres, qui nous ont été adressées par des personnes compétentes, à titres divers :

THÉRAPEUTIQUE HIPPIATRIQUE D'ORGÈRES.

A M. Gillet-Damitte, rédacteur au *Moniteur universel.*

« Orgères (Eure-et-Loir), le 2 août 1867.

« Monsieur et honoré compatriote,

« Je suis parti de Saint-Eloi bien convaincu que le Galéga que vous cultivez est une plante avantageuse sous tous les rapports, car c'est une légumineuse d'une belle venue et analogue à la luzerne. L'avidité avec laquelle les chevaux si bien nourris de M. Frère en ont mangé du fourrage sec et vert, en ma présence, m'a démontré que ce fourrage doit plaire aux animaux, car d'ordinaire un herbivore rejette toute plante qui lui serait désagréable, surtout celle à laquelle il n'est pas accoutumé. Ainsi, je vois tous les jours les chevaux de la Beauce nourris au sainfoin refuser de manger le foin de pré qu'on leur offre dans ma maison.

« Je vous prie de vouloir bien me procurer autant de kilogr. que vous pourrez de la graine de cette fourragère, qui est certainement appelée à rendre de très-grands services.

« Il en est de même de l'établissement modèle de M. Frère; je lui disais plaisamment : Vous travaillez pour la santé des chevaux et à la ruine du vétérinaire; *Ecce positus est in ruinam et in resurrectionem multorum.....*

« Il serait plus utile d'encourager de pareilles industries que de fonder des sociétés hippiques et des courses au galop, qui, sous l'apparence d'utilité publique, n'ont souvent pour mobile que l'intérêt privé, l'égoïsme et la passion du jeu.

« Agréez, Monsieur et cher compatriote, l'assurance de mes sentiments d'estime et de considération.

« Votre tout dévoué,

« A. BESSETEAUX. »

SOCIÉTÉ D'HORTICULTURE DU CENTRE DE LA NORMANDIE.

A M. Gillet-Damitte, à Paris.

« Monsieur,

« Encore sous l'impression de l'étonnement que m'a causé l'expérience à laquelle j'ai assisté avant-hier, j'ai voulu la répéter aussitôt rentré chez moi. Comme chez M. Frère, les chevaux ont mangé le galéga avec avidité.

« La cause qui, à mon avis, a empêché les cultivateurs de tenter, avant vous, Monsieur, l'emploi de cette plante comme fourrage, est la dureté qu'acquièrent ses tiges en vieillissant.

« En les employant, comme vous le faites, à l'état semi-herbacé, cet inconvénient n'existe plus.

« Et en sol ordinaire vous obtiendrez précocité, rusticité et grand produit.

« Cette plante est tellement apte à croître partout, que j'en ai obtenu dans les dunes au bord de la mer, des touffes dont la végétation dépassait de beaucoup celle de tous les autres végétaux herbacés.

« Maintenant que, grâce à vos expériences, nous savons quel parti nous pouvons en tirer, je ferai cultiver cette plante dans les champs, et, dès l'an prochain, je la ferai présenter aux animaux dans nos concours.

« Je voudrais qu'à l'occasion de l'Exposition universelle vous fissiez, à Billancourt, devant les délégués de la Société d'agriculture une expérience semblable à celle à laquelle j'ai assisté. Ce serait rendre service à nos agriculteurs.

« Je vous prie d'agréer, Monsieur, mes civilités respectueuses et dévouées.

« JULES OUDIN,

« Directeur de la Société d'horticulture
du centre de la Normandie,
propriétaire de l'Etablissement agricole et horticole
de Saint-Désir, près Lizieux. »

2 août 1867.

« Paris, le 6 août 1867.

« A M. Gillet-Damitte, à Paris.

Monsieur,

« Tout ce qui se rattache au bien-être et à l'amélioration des animaux domestiques a pour moi le plus vif intérêt. Aussi veuillez me permettre de vous remercier sincèrement de m'avoir fait assister à vos expériences sur la culture du Galéga, pour la nourriture des chevaux.

« Cette plante que vous vous efforcez de propager me paraît remplir toutes les qualités voulues pour être accueillie favorablement des cultivateurs.

« Les chevaux la mangent avec avidité; ses hautes tiges bien fournies donnent du fourrage en abondance ; elle est rustique, se plaît partout et s'accommode de tous les terrains. Sa culture en grand sera à coup sûr un grand bienfait.

« Il ne faut pas l'oublier, les fourrages nous manquent en agriculture ; si nous en avions davantage, nous nourririons plus de bétail, nos chevaux ne souffriraient pas de la faim, comme il arrive encore trop souvent; nous aurions plus d'engrais, plus de produits de toutes sortes, sans qu'il nous en coûte plus.

« J'ai présenté les petites bottes de galéga, vert et sec, que vous m'aviez données, à plusieurs chevaux de la Compagnie impériale des voitures, à un cheval de remise arrêté devant une porte, et tous se sont jetés dessus comme ceux de M. Frère, votre voisin; ils ont abandonné leur avoine qui leur était servie pour prendre le galéga que je leur offrais.

« Cette plante me paraît être aussi nourrissante que la luzerne, dont elle semble n'être qu'une variété; verte ou sèche, elle est également affectionnée des animaux et fournit un foin excellent.

« Persévérez-donc Monsieur, dans votre œuvre de vulgarisation; ne redoutez ni la critique, ni la résistance qui accueillent d'ordinaire les innovations. Je suis persuadé qu'un jour tout le monde vous en sera reconnaissant.

« Veuillez agréer, Monsieur, mes civilités empressées,

« P. CHARLIER,

« Vétérinaire de la Compagnie générale des voitures, membre de la Société impériale et centrale de médecine vétérinaire (1). »

« 23 août 1867.

A M. Gillet-Damitte, officier de l'Université.

« Monsieur,

« Les intelligents efforts que vous faites pour propager en France la plante *si utile* et pourtant si négligée du *Galega officinalis*, me paraissent devoir vous mériter les plus sympathiques suffrages. Permettez-moi, monsieur, de vous dire que, dans un avenir peu éloigné, les plus *incrédules* se rendront à vos sages démonstrations. J'étais du nombre de ces *incrédules*, mais l'expérience que je

(1) Inventeur de la *ferrure périplantaire*.

viens de faire chez M. Frère, rue de Reuilly, 38, m'a prouvé que s'il est quelques chevaux qui refusent de prime abord de manger du galéga, la plupart se jettent avec avidité sur ce nouveau fourrage.

« Persévérez, Monsieur, dans votre noble tâche, vous surmonterez ainsi tous les obstacles d'une amère indifférence, et les vœux et la reconnaissance de nos populations rurales accompagneront votre généreux projet.

« Veuillez agréer, Monsieur, la nouvelle assurance de mes sentiments les plus distingués.

« Vicomte J. CASANOVA,

« Laboureur,

« Au château de Montilfaut, près Bourges (Cher) (1).

XIV

Les herbivores du Jardin des Plantes et le Galéga.

Un dimanche de septembre 1866, j'emportai de Saint-Eloi une provision de galéga frais au Jardin des Plantes. Nous en offrîmes à tous les herbivores de la ménagerie. Nous commençâmes par les yaks de la Chine, qui le mangèrent; puis nous passâmes aux chèvres et moutons divers, qui tous acceptèrent, sans nulle cérémonie, ce mets nouveau.

Les sauvages bisons d'Amérique eurent pour nous la même courtoisie. Avaient-ils déjà vu et paît le galéga dans les solitudes du nouveau monde ?

(1) M. J. Casanova est un infatigable praticien et de plus un écrivain agricole distingué. Nous nous plaisons à citer plusieurs de ses œuvres; il est auteur de :

1° *L'Amélioration des populations rurales* et *de la Prospérité foncière en France par les asiles agricoles*, 1 vol.; 2° *des Ateliers d'agriculture*, 1 vol.; 3° *les Premiers pas dans l'agriculture*, 1 vol; 4° *les Veillées de la chaumière*, 4 vol.; 5° inventeur de la charrue épierreuse à usage multiple; 6° inventeur de la charrue Trisocs, etc., etc.: collaborateur de plusieurs journaux d'agriculture.

Les zébus ou vaches du cap de Bonne-Espérance firent le même honneur à notre offrande, de même que le mélancolique lama et son congénère l'alpaca, acclimatés au bois de Boulogne, connus aussi sous le nom de chameaux d'Amérique.

Les buffles en train de manger quittèrent leur foin pour se régaler de galéga vert ; on eût dit un Italien de la Lombardie qui retrouve la polpette de Milan dans un restaurant de Montmartre. Or, les buffles du Jardin des Plantes ne viennent-ils pas d'Italie ?

Trois hôtes de la Ménagerie impériale se signalèrent par leur appétit pour le galéga : ce furent un âne vulgaire, l'hémione et un jeune dromadaire. L'éléphant l'honora de son suffrage empressé. Parmi les herbivores, il n'y a que l'hippopotame auquel nous n'avons pas fait hommage de notre plante. Quelqu'un nous demandera peut-être pourquoi. C'est que nous ne pensons pas, malgré notre foi dans tout progrès, que l'hippopotame se naturalise de sitôt sur les bords de la Seine, ou sur les rives de la Loire et de la Garonne. Pour la même raison, nous avons brulé la politesse au rhinocéros. Pourtant le voyageur Chardin assure que, dans l'Inde et dans la Perse, il a vu ce stupide animal employé comme bête de trait.

Les expériences de cette nature, je les renouvelais en toute occasion. Chaque matin, un bottillon de fourrage sec à la main, je visitais les chevaux, grands et beaux percherons, de M. Frère. Ces nobles animaux, déjà connaissant ma voix, m'attendaient pour recevoir un cadeau de galéga, et il n'est pas jusqu'à Cocotte, vieille jument de 30 ans, invalide en retraite, chez son maître reconnaissant de ses bons services, qui ne prît sa part, malgré ses dents usées, de mes libéralités.

Mes courses m'appelaient-elles du côté du Jardin des Plantes, j'emportais sous ma redingotte une petite charge de galéga vert ou sec. Je le distribuais aux hôtes herbivores qui, réunis là des cinq parties de la terre, faisaient un repas international de la *capraggine* italienne sous la protection de la France.

Mes coassociés, M. Frère, M. Boitel et moi, nous avions notre foi confirmée. Je fis deux choses : 1° je renouvelai une note que le *Moniteur* du soir et celui du matin publièrent ; 2° je demandai à M. Tisserand, chef de la division agricole des domaines impériaux, d'autoriser une expérience sur le bétail des races bovine et ovine de la ferme impériale de Vincennes. M. Tisserand, avec un empressement on ne peut plus bienveillant et avec cette bonne grâce parfaite qui le caractérise, obtempéra à cette demande et en donna avis à M. Houdbine, régisseur de cette importante fondation agricole.

XV

A la ferme impériale de Vincennes.

Le jour fut assigné au 8 octobre 1866. Nous nous rendîmes à Vincennes, M. Frère et moi. Nous présentâmes d'abord du fourrage vert de galéga à toutes les vaches et taureaux de la galerie. Ces bêtes l'acceptèrent, en mangèrent; mais elles donnèrent leur préférence au fourrage sec de cette plante. Quand M. Houdbine vit ce qui se passait : « C'est bon signe, dit-il, car je suis bien persuadé que ces bêtes en voient pour la première fois. Vous n'ignorez pas quelle répugnance les animaux marquent à toute nourriture à laquelle ils ne sont pas encore accoutumés. Le chou cavalier, dont les feuilles amples sont vantées, à juste titre, comme un excellent aliment pour les vaches, je l'ai cultivé à l'effet d'en nourrir l'étable. Eh bien, croiriez-vous que ces bêtes ont passé plus de huit jours sans vouloir y toucher, à ce point que, forcé de modifier le régime, j'ai été près de me croire contraint de renoncer à en nourrir mes bestiaux? »

Je rappelai, à ce sujet, le récit que me fit M. Moll, professeur d'agriculture au Conservatoire et membre du comité central agricole de la Sologne. Je voulais engraisser des bœufs, me dit l'éminent agronome; je pensai que l'avoine devait être une excellente nourriture pour obtenir ce résultat. Je leur en fis servir une ration. Mes bœufs furent au moins quinze jours sans y vouloir toucher, parce que jusqu'alors ils n'en avaient pas mangé. De ces faits, il faut conclure que s'il arrive qu'une bête refuse d'abord le galéga, on peut, avec de la persévérance, vaincre sa répugnance, surtout en mélangeant le galéga avec un autre fourrage.

Des bêtes bovines, nous passâmes aux moutons. M. Houdbine avait dans une petite bergerie vingt agneaux, âgés de huit mois. Par trois fois l'on garnit leur râtelier de galéga vert en quantité modérée. Ils mangèrent tout sans en gaspiller une seule branche. L'expérience nous semblait péremptoire. Selon ce qui fut convenu entre nous, M. le régisseur administra à ces vingt mêmes moutons une ration non déterminée, non plus exces sive, de galéga à l'état sec, le 9 du même mois d'octobre au soir, et ce même soir, à deux moutons isolés du même âge, il fit servir une ration du même fourrage, à peu près égale à celle qu'on leur donne en fourrage ordinaire.

Le 10 octobre, M. Houdbine m'adressait la lettre suivante :

Ferme Impériale de Vincennes. — A M. Gillet-Damitte.

« Monsieur,

« Je m'empresse de vous informer qu'hier j'ai continué l'expérience sur l'usage du galéga.

« Les deux petites bottes de foin qui restaient lundi soir ont été distribuées hier à deux agneaux de huit mois, qui les ont parfaitement mangées.

« Hier, je n'ai rien remarqué de l'effet que pouvait produire sur ces deux bêtes le foin du galéga ; seulement, ce matin, je viens de trouver un de ces deux agneaux morts, et un deuxième mort également parmi les vingt agneaux à qui nous en avons fait manger ensemble lundi soir.

« Chez les vingt qui restent et qui en ont mangé, aucun ne donne en ce moment de symptômes d'indisposition.

« En présence de ce qui vient d'arriver, il importe, dans l'intérêt de la science, de s'occuper de savoir si ces deux agneaux ont été tués par l'effet du *Galéga,* ou sont morts par d'autres causes.

« Veuillez alors, monsieur, je vous prie, m'aider dans ces recherches.

« Recevez, monsieur, etc.

« *Le Régisseur,* HOUDBINE. »

Cette lettre semblait de nature à déconcerter le plus croyant; elle commença par m'affecter, mais bientôt la réflexion dissipa les impressions que j'en avais reçues. Sans tarder, je courus à la ferme Impériale avec l'intention arrêtée de faire faire l'autopsie des deux agneaux morts, par le médecin-vétérinaire de l'établissement. Mais, pour un motif ou pour un autre, M. Houdbine avait disposé de la dépouille des deux bêtes. Il ne put donc être rien statué à ce sujet par la science vétérinaire.

Notre récolte de fourrage était épuisée en grande partie. Etait-il facile, possible de renouveler l'expérience? N'avions-nous pas accumulé les faits concluants chez M. Frère?

L'égoïste et le spéculateur me disaient: « Laissez donc là votre galéga. Que vous en reviendra-t-il de profit? »

Rien, disais-je, mais l'homme, qui ici-bas ne crée pas sa destinée, ne peut se soustraire aux inspirations du bien. Quand il est honnête, il poursuit, comme malgré lui, le chemin par où il pense servir l'art, la science, le bien public, la patrie.

Sur vingt-deux agneaux qui ont mangé du galéga, deux meurent deux jours après; mais les vingt autres ne donnent pas signe de la moindre indisposition. Les deux qui sont morts ont-ils succombé aux suites d'une indigestion? S'ils ont mangé de galéga un poids égal à celui de leur ration ordinaire, ils ont absorbé un tiers de nourriture en plus qu'il ne leur en fallait, puisque jusqu'ici nous savons que le galéga est un tiers plus nourrissant que le foin de prairie.

Si le galéga avait un principe malfaisant, il faudrait admettre que parmi les vingt autres moutons vivants qui en ont mangé, au moins quelques-uns auraient été malades plus ou moins légèrement ou gravement. Or, rien de cela n'a eu lieu.

Qu'est-ce qui prouve que les deux bêtes n'étaient pas déjà malades avant de manger du galéga?

XVI

M. Pépin, M. Guérin-Méneville et le Sorgho.

Ces réflexions que nous fîmes, M. Frère et moi, M. Boitel les partagea. J'allai informer M. Pépin de ce qui venait d'arriver. L'honorable agronome me dit : Soyez certain que le galéga n'a aucune mauvaise essence, car il est reconnu que les légumineuses sont des plantes saines aux animaux. La mort des deux agneaux est un double fait qui prouverait seulement que ce fourrrage est succulent et partant indigeste. Or, nous le savions déjà. Est-ce que la luzerne et le trèfle qui, eux aussi, peuvent donner des indigestions, doivent être pour cela des plantes proscrites ? Pour moi, il n'est nullement prouvé que les agneaux soient morts pour avoir mangé du galéga.

Je fis la même communication à M. Guérin-Méneville, président de la Société protectrice et membre de la Société impériale d'agriculture de Paris. Il partagea pleinement l'avis de M. Pépin, et me dit :

« Le sorgho sucré de la Chine, fourrage exquis pour les races des ruminants et propre même à la nourriture des chevaux, a été recommandé à l'agriculture par la Société impériale et centrale d'agriculture. Cela n'a pas empêché que des praticiens qui en ont fait manger à leurs bestiaux n'aient adressé à la Société des lettres pour se plaindre, il y a quelques années, de ce que ce fourrage avait causé la mort de plusieurs de leurs bêtes. C'est le fameux *post hoc, ergo propter hoc* des anciens. On perd un animal qui probablement non soumis à une excellente nourriture serait mort parce qu'il devait succomber à une affection inaperçue ; on attribue sa mort à l'aliment succulent dont jusqu'alors il n'avait pas fait usage. »

XVII

Deuxième analyse du Galéga.

Ces raisonnements et ces faits me paraissaient sans réplique. Cependant, j'eus recours aux lumières d'un savant professeur de toxicologie à l'Ecole supérieure de pharmacie de Paris, M. Gaultier de Claubry. Il entreprit l'analyse du galéga à l'état sec et à l'état frais. Il se proposait de faire un travail étendu sur les éléments végétaux et minéraux de cette plante. Pendant le cours de ses opérations, son travail resta inachevé par suite de circonstances particulières. Je ne pus avoir aucun chiffre positif de son analyse; mais, maintes fois, il m'a dit qu'il n'avait découvert aucun principe malfaisant dans le galéga: que de l'ensemble de ses études sur cette plante il résulterait pour lui la conviction qu'elle contenait, en quantité considérable, des éléments nutritifs pour les herbivores; que plus il s'était avancé dans ses recherches, plus il avait accru sa persuasion que cette plante, est digne du plus grand intérêt au point de vue économique, intérêt d'autant plus grand que jusqu'ici personne ne l'avait analysée.

D'un autre côté, je fis de nouveau appel à l'amitié pour moi de M. Gaucheron et à son dévouement à la cause agricole. Je le priai de me faire une nouvelle analyse de la plante au point de vue des éléments minéraux qu'elle peut contenir.

Analyse de M. Gaucheron, professeur de chimie agricole de la ville et du comice d'Orléans.

Le galéga, tel que vous me l'avez adressé, à l'état vert, a d'abord perdu, pour arriver à l'état de siccité d'un fourrage ordinaire, les 4/5 ou 80 p. 0/0 de son poids d'eau. Ce fourrage a été ensuite desséché à 100 degrés de chaleur et soumis à la calcination. Il a donné pour 100 grammes un résidu pesant 8 gr. 20 c.

Le galéga desséché est donc formé, sur 100 parties, de

Matières organiques combustibles......	91,8
Matières minérales ou cendres........	8,2
Parties....	100,0

Ces cendres se composent ensuite, sur 100 parties, de

Matières minérales solubles dans l'eau.	44,75
Matières minérales insolubles dans l'eau.	55,25
Parties...	100,00

Les 44,75 parties de matières minérales solubles dans l'eau sont représentées par :

Carbonate de potasse................	34,82
Carbonate de soude..................	4,12
Chlorure de sodium..................	3,58
Sulfate de soude et chaux...........	2,23
Parties....	44,75

Les 55,25 parties de matières minérales insolubles dans l'eau sont représentées par :

Phosphate de chaux..................	18,24
Phosphte de magnésie................	2,35
Carbonate de chaux	32,14
Oxyde de fer........................	0,22
Silice..............................	2,30
Parties....	55,25

Les cendres du galéga renferment donc, sur 100 parties :

Carbonate de potasse................	34,82
Carbonate de soude..................	4,12
Chlorure de sodium..................	3,58
Sulfate de soude et de chaux........	2,23
Phosphate de chaux..................	18,24
Phosphate de magnésie...............	2,35
Carbonate de chaux..................	32,14
Oxyde de fer........................	0,22
Silice..............................	2,30
Parties....	100,00

Je vous avertis, monsieur et ami, que, bien que ce soient là les chiffres que j'ai trouvés, je suis certain que les engrais, la nature du sol, les circonstances climatériques et de culture sont autant de causes qui doivent faire varier ces chiffres.

Ce qui se passe ici pour le galéga se reproduit pour toute espèce de culture.

Orléans, 6 janvier 1867.

GAUCHERON.

XVIII

L'Académie royale d'agriculture de Florence et le Galéga.

Indépendamment de toutes ces recherches, il me vint tardivement une idée, celle par où j'aurais dû commencer. Je fis un petit mémoire relatant toutes les phases de notre culture du galéga, les expériences diverses opérées par mes amis et par moi, enfin mes observations, et je l'adressai, le 7 décembre 1866, au président de l'Académie royale économico-agricole des Géorgophiles de Florence.

Le président de cette illustre compagnie, M. Lambruschini, me fit l'honneur de me répondre, à la date du 19 dudit mois, une lettre dont j'extrais ce qui suit :

« Monsieur,

« J'aurais voulu consulter l'Académie des *Georgofili* avant de répondre à votre lettre du 7, afin de pouvoir vous donner de plus amples renseignements touchant le *Galega officinalis* qui, vulgairement, est nommé en Toscane *capraggine*.

« Mais, comme il n'y aura séance qu'en février prochain, je ne veux pas différer jusque-là ma réponse, et je vous dirai ce qui est à ma connaissance.

« Cette plante est très-connue chez nous, et elle entre dans la rotation agraire de quelques provinces, par exemple, dans le Val-d'Arno supérieur, où j'ai mes biens. Nous la semons dans le mois de mars, dans les sillons des champs où a été semé le premier blé, ce que nous appelons *di prima barba*, après le *rinnovo*, c'est-à-dire le commencement de la rotation.

« Le galéga croît dans les sillons, surtout après la moisson, et nous l'enfouissons comme engrais dans le dernier labour qui prépare l'ensemencement du deuxième blé. C'est ainsi que, dans le même champ, nous pouvons cultiver le blé dans deux années consécutives sans trop d'inconvénient. — Si à la prochaine séance de l'Académie, à laquelle je communiquerai votre lettre, on me fournit d'autres renseignements, je ne manquerai pas de vous les transmettre.

« Agréez, monsieur, l'expression de ma haute considération,

« LAMBRUSCHINI,

« *Président de l'Académie des Georgofili.* »

L'honorable M. Lambruschini, fidèle à sa promesse, daigna, avec la plus gracieuse bonté, m'adresser la seconde lettre qui suit :

« Florence, le 8 mars, 1867.

« Monsieur,

« Enfin, il y a eu séance de l'Académie. Dans cette réunion, j'ai pu interroger mes collègues sur le galéga. Le renseignement que j'ai pu recueillir, c'est que dans nos *maremmes* (marais) on fait sécher le galéga et on le garde pour *fourrage sec* à donner *pendant l'hiver* aux *bêtes ovines*.

« Cela confirme vos observations.

« Dans la séance secrète qui a succédé à la séance publique, je vous ai proposé pour correspondant, et l'Académie, qui était nombreuse plus que d'ordinaire, a accueilli ma proposition. Notre secrétaire a été chargé de vous en donner information (1). »

Du moment où l'Académie royale de Florence *confirmait mes observations*, que le *galéga gardé comme fourrage sec est donné* pendant l'hiver aux bêtes ovines en Italie,

(1) J'ai, en effet, reçu, avec l'avis de ma nomination de correspondant de l'illustre compagnie, le diplôme qui me confère ce titre. Honoré d'une si insigne distinction par l'un des corps les plus savants d'Europe, j'en reporte la faveur sur mon zèle à propager la culture de cette belle plante italienne. Si j'en éprouve de la joie, je conserve dans mon cœur la plus respectueuse reconnaissance pour l'éminent président et pour ses très-honorés collègues, enfants des poëtes, des artistes, des astronomes, dont les noms brillent sur la poétique terre d'Italie.

nous avions fait un pas si grand dans notre entreprise que je crois le problème résolu.

Ainsi tombe la barrière imposée pendant cinquante-sept ans par Bosc, qui a, par son imprudence et en raison de son autorité de savant, empêché cette admirable plante de prendre rang parmi les fourragères de premier ordre ; n'est-ce pas le cas de dire comme cet académicien lui-même :

« C'est réellement dommage ! »

Le printemps de 1867 était arrivé; le mois d'avril commençait. Le 3 dudit mois déjà le galéga de saint Eloi offrait des pousses qui mesuraient quarante centimètres de hauteur.

Un chimiste de l'un des plus importants établissements scientifiques de Paris ayant consenti à faire une nouvelle analyse du galéga, je lui en procurai à l'état frais.

XIX

Troisième analyse du Galéga.

Analyse du Galéga par M. X... du Jardin des Plantes.

Il en prit 67 gr. 5 qu'il fit sécher à l'air. Ces 67,5 perdirent en séchant 59,8, c'est-à-dire qu'ils contenaient 88,6 0/0 d'humidité. Ils furent réduits à 7,7.

Ce résidu, traité par le sulfure de carbone et séché par une chaleur de 100 degrés, a perdu encore 0,8 ou 1,2 0/0 de son poids, ce qui réduit les 7,7 à 6,9.

Ces 6,9 ont donné par l'incinération 0,787 de résidu ou 1,75 0/0 pour la plante fraîche, et 11,4 0/0 pour la plante sèche.

L'extraction de la matière grasse (margarine) de la plante séchée à l'air a fourni 1,83 p. 0/0 ;

Et la détermination de l'azote ou matières azotées a été faite en deux sévères observations et très-exactement :

La 1re a donné 5,50 p. 0/0 d'azote.

La 2e a donné 5,33 0/0 d'azote.

En moyenne, le galéga séché à l'air a fourni, chiffre

énorme, 5,42 p. 0/0 d'azote, quand la luzerne ne donne que 1,92 0/0 de matières azotées. Or, comme la valeur nutritive d'un fourrage s'apprécie en raison de la quantité d'azote qu'il contient, on peut dire que la valeur nutritive du galéga, par rapport à celle de la luzerne, est, d'après le savant chimiste X, comme 5,42 sont à 1,92. Ce qui confirme et amplifie de beaucoup l'assertion de notre ami M. Gaucheron.

Et si l'on considère que ledit galéga contient, en outre, 1,83 p. 0/0 de matières grasses de nature à favoriser l'engraissement des bêtes, quelle valeur nutritive ne doit-on pas attribuer à une telle fourragère! combien ne doit-elle pas être précieuse à l'économie agricole !

Ce n'est pas nous qui le disons, c'est l'éloquence des chiffres; et ces chiffres ne sauraient être abstraits quand la pratique italienne sanctionnant nos expériences les ratifie en *séchant* le galéga l'été pour le *donner l'hiver* aux *races ovines*.

Nous avons conduit le lecteur pas à pas dans le chemin que nous avons dû parcourir pour étudier une fourragère si digne d'intérêt. Nous lui avons fait grâce pourtant des soucis que nous avons éprouvés, de la peine que nous a donnée une persévérance que nul dégoût n'a pu abattre, et qu'aucune fatigue n'a su affaiblir. Nous allons maintenant traiter de la culture du galéga. Sans répéter ce qui a été dit précédemment, nous y renverrons le lecteur lorsque nous le croirons utile, car apprendre et oublier n'est rien ; apprendre et retenir c'est tout (1). Or, pour retenir il faut souvent répéter ce qu'on veut savoir.

CULTURE DU GALÉGA

XX

Petite monographie du Galéga.

Le Galéga est une plante légumineuse, parce que ses fleurs, telles que celles du pois, du haricot, etc., produisent des cosses ou gousses que les botanistes appellent *lé-*

(1) *Tantum scimus quantum memoria tenemus.* (Cicéron.)

gumes. Ces fruits se cueillent ordinairement à la main, *leguntur manu,* d'où vient le mot *legumen* (1).

On appelle aussi *papilionacées* les fleurs des légumineuses auxquelles on a trouvé de la ressemblance avec un papillon.

Les papilionacées appartiennent toutes à la famille des légumineuses, mais celles-ci ne sont pas toutes papilionacées. On distingue dans ces dernières un *étendard* ou pétale supérieur, deux *ailes* ou pétales latéraux, deux inférieurs rapprochés et plus ou moins soudés par les bords inférieurs ; le tout de ce dernier ensemble est nommé *carène.* On dit que la fleur du galéga est *diadelphe* parce que ses étamines sont réunies en deux faisceaux, et de la classe *décandrie,* parce que ces étamines sont au nombre de dix.

C'est une plante fourragère, parce que ses pousses, coupées à une hauteur donnée, peuvent servir d'aliment au bétail, comme les produits des graminées ou herbes des prairies qu'on appelle foins.

Le galéga est un fourrage digne du plus grand intérêt par l'abondance de ses produits et par la valeur alimentaire de sa fane et par sa longue durée, car le galéga est une plante vivace. J'en ai vu au Jardin des Plantes des touffes qui, au dire d'un vieux jardinier, avaient dix-huit ans d'âge.

On distingue, pour fourrages, deux sortes de galéga : le *Galega officinalis* et le *Galega orientalis.*

Le premier est originaire d'Europe et se trouve particulièrement dans toute l'Italie, de la Lombardie à Naples. Passé le détroit de Messine, on ne le retrouve plus en Sicile, m'a dit le botaniste italien M. Parlatore. On l'a cultivé dans le Wurtemberg, et depuis quarante ans les écrivains agricoles allemands n'ont cessé d'en recommander la culture, m'a écrit M. Fleischer, directeur de l'école d'agriculture de Hohenheim (2).

Jusqu'ici il n'a guère été cultivé en France que comme une plante médicinale ou d'agrément.

Le *Galega orientalis* a été rapporté, dit-on, du Cau-

(1) *Siliqua quassante legumen.* (Virgile.)

(2) Je dois consigner ici que messieurs de la Légation de S. M. le roi de Wurtemberg à Paris ont apporté le plus gracieux empressement à me mettre en communication avec l'honorable directeur. Je les remercie de tout cœur.

case par Tournefort. Il est moins vigoureux, mais résiste au froid de l'hiver et offre un pâturage alors qu'aucune végétation n'a commencé à paraître, dans les premiers jours du printemps. Je ne l'ai pas cultivé, parce que la graine en est rare et parce que son rendement n'est pas aussi abondant.

XXI

Du terrain propre à la culture du Galéga.

Ce qui distingue cette légumineuse des autres plantes fourragères de la même famille, comme la luzerne, le trèfle et le sainfoin, c'est que le galéga vient dans toute terre. Il croît là où la luzerne et les deux autres fourragères ne pourraient croître. Il est certain que cette plante aime un sol frais, même qu'elle vient avec abondance dans les terrains humides, sur le bord des ruisseaux. Nous savons que dans un sol léger bien fumé, elle donne une telle abondance de produits, que les chiffres en sont presque incroyables. Nous ne l'avons pas semée nous-même dans toute espèce de sol ; mais à Saint-Eloi nous avons confié sa semence à une pelouse gazonnée qui n'avait été rompue que par un demi-fer de bêche et sur un seul labour, le sol se composant de terres rapportées et formant un sur-sol silico-calcaire; il y a réussi d'un succès moyen, si l'on compare la belle venue de la culture que nous en avons faite dans un carré bien ameubli et fumé d'un engrais composé de paille et de colombine. M. Marchon, cultivateur et maire de Trinay (Loiret), en a ensemencé 1 are 80 dans une terre médiocre de Beauce. Il a semé tardivement, le 1er mai 1867. Au 23 juillet, sa culture néanmoins était parfaitement belle et dépassait toutes mes espérances. Nous en avons coupé un mètre carré qui a fourni 1 k. 500. C'est un fait incroyable, 15 mille kilog. à l'hectare pour le début. Au 15 d'août suivant, la culture de M. Marchon était en pleine floraison et promettait de fournir des graines en abondance.

En raison de sa composition minérale (voir pag. 42), il est facile de comprendre que toute terre non fumée et privée d'éléments calcaires ne peut lui être favorable.

La terre qui lui est destinée se trouvera bien de tout amendement où la soude et la potasse se rencontreront, par conséquent, un compost formé de cendres, de charrées, de fumier de vaches, arrosé d'eau de savon et mélangé de phosphate, ne saurait que rendre le sol propre à cette plante. Il va sans dire qu'une terre ameublie d'ailleurs par la charrue et bien entretenue ne peut qu'avantager la végétation de cette plante, car si elle n'est pas exigeante sur la qualité du terrain, sa venue est toujours mieux assurée là où la terre est bien préparée.

XXII

De la semence ou graine du Galéga.

La graine du galéga, vue à la loupe, a la forme et l'apparence d'un petit haricot, et c'en est un en effet. Elle est un peu plus grosse que la graine de la luzerne. Quand elle est jeune, elle est d'une belle couleur jaune un peu safranée ; si elle a passé l'année, elle prend un ton de bistre un peu léger; enfin, si elle a vieilli, elle devient foncée, presque de la couleur de la suie.

Les semences des plantes légumineuses ont une propriété germinative de si longue durée, que M. Pépin leur attribue la faculté de reproduction pendant une cinquantaine d'années. Quoi qu'il en soit, la graine jeune est toujours à préférer. Quand la fleur est passée, elle est remplacée par des siliques ou cosses longues, grêles, noueuses, qui contiennent la semence. Or, comme les fleurs de cette plante, qui commencent leur évolution en juin, se succèdent sur la même tige presque jusqu'au mois de septembre, il s'ensuit que les premières fleurs épanouies ont leurs graines mûres longtemps avant leurs suivantes.

Il arrive de là que si l'on n'a pas soin de cueillir les gousses mûres lorsqu'il en est temps, la cosse s'ouvre et la graine est perdue sur la terre; ce qui fait que la récolte de la semence demande une attention particulière. Je me suis bien trouvé d'avoir recueilli la graine en coupant les gousses un peu avant leur parfaite maturité, lorsqu'elles sont jaunies, les laissant sécher peu à peu. Mais il faut dire que les cosses étant étroites et serrées, il n'est pas facile d'en extraire la graine, et, pour en faire le battage en grand, je crois qu'il faut avoir recours aux machines propres à battre la luzerne et le trèfle, disposées de manière à ne pas écraser la semence.

Je n'ai pas appris ce qu'un are du galéga peut fournir de graine en poids. Ce que je puis dire, c'est que j'ai récolté 800 grammes de graines sur 3 mètres carrés. Jusqu'ici, la rareté de la graine a fait qu'elle est demeurée chère, au prix de 25 fr. le kilog. C'est une cause qui arrête la propagation de cette culture. Puis des grainiers en ont livré de mauvaise qualité. J'ai cherché, et je crois avoir trouvé le moyen d'en faire baisser le prix et d'en faire offrir à l'agriculture des semences aussi germinatives qu'on le peut garantir. Pour répondre aux nombreuses demandes qui m'ont été faites, afin de pouvoir se procurer de la graine de galéga, j'ai écrit au propriétaire qui m'a fourni celle avec laquelle j'ai fait mes dernières expériences pour l'engager à envoyer en France une certaine quantité de cette graine première qualité ; ce qu'il s'est empressé de faire. Il s'est adressé à M. Dubois, négociant, 21, boulevard des Capucines, à Paris, qui a bien voulu se charger du dépôt de la susdite graine. Les premiers semis étant appelés à reproduire la graine en France, je ne saurais trop insister pour que l'on s'adresse directement à M. Dubois pour se procurer la graine de premier choix, conditions essentielles pour le succès.

XXIII

Époques de l'ensemencement du Galéga. reproduction de cette plante.

On peut semer le galéga en toutes saisons, le temps des chaleurs et des froids extrêmes excepté.

Pour peu que le sol soit frais et la température douce, la graine germe assez vite, au bout de huit, douze ou quinze jours, selon la température; mais elle vient assez irrégulièrement, et, sans en avoir pu savoir la cause, j'ai remarqué que la même graine, semée avec le même soin et dans les mêmes conditions, sort de terre ici abondamment, là comme si elle avait été clair-semée; puis, d'intervalle en intervalle, on voit apparaître de nouveaux pieds qui s'annoncent en montrant leurs deux lobes opposés.

La graine de galéga, comme celle du haricot, sort de terre avec deux cotylédons, c'est pourquoi l'on peut dire qu'elle est dicotylédone.

On admet dans la pratique que plus une graine est fine, moins elle a besoin, pour germer, d'être enfouie profondément. La graine de galéga ne veut pas être trop couverte. Ayant remarqué que celle qui tombe d'elle-même sur la terre germe parfaitement bien, j'ai fait des ensemencements sans prendre la peine de les couvrir ; ils ont réussi. Cependant cette pratique offre un danger : si, à partir du moment qu'on a jeté la semence sur la terre, et jusqu'à ce que la germination soit complète, il ne pleut pas et que la chaleur domine, la radicule, cette partie de l'embryon qui, la première, perce l'enveloppe de la graine pour s'enfoncer dans la terre où elle doit devenir racine de la plante adulte, la radicule, disons-nous, étant à découvert, souffre, se dessèche, et la plante meurt. Quand la graine est recouverte d'une couche de terre trop épaisse, c'est le contraire qui arrive, les deux petites lames ou les cotylédons, impuissants à se faire jour, se brisent, et l'embryon meurt. Il y a donc à suivre un moyen terme.

On peut appliquer au galéga, pour l'ensemencement, ce qui résulte des expériences de Schwertz sur la graine de trèfle. Sur 100 graines enterrées à la profondeur de :

8 centimètres	il en lève	sur 100	00		
6 centimètres	—	—	27	en 13	jours.
3 centimètres	—	—	93	en 9	—
1 centimètre 1/2	—	—	90	en 6	—

Je crois qu'on peut fixer trois époques favorables à la semaille du galéga :

1° Semer fin de mars ou dans la première quinzaine d'avril ;

2° Semer en mai, dans le moment où la végétation a tant d'activité ;

3° Semer aussitôt que la graine est récoltée, fin d'août et en septembre.

5.

L'ensemencement de printemps peut s'opérer, m'a dit M. Pépin, conjointement avec un blé ou une avoine, comme se traite la luzerne; c'est une expérience à faire. Je pense cependant que l'ensemencement opéré de la graine sans mélange avec une céréale est plus favorable à la venue de la plante.

L'ensemencement du printemps donne un fourrage tendre qui est bon à faucher fin de juin, mais sans être très-abondant.

L'ensemencement de mai fournit un plant vigoureux qui se développe sous l'influence des pluies et de la température chaude qui règnent à cette époque.

L'ensemencement de la fin d'août et de septembre a cela de particulier et de favorable: la plante bien levée en septembre se fortifie en octobre, voire même en novembre et en décembre, s'il ne gèle pas. Elle reste stationnaire pendant les fortes gelées et les neiges; mais à l'arrivée du printemps elle croît, se développe et tale comme si elle était adulte, et peut, dès lors, fournir plusieurs coupes.

On sème à la volée comme la luzerne et le trèfle. Mais je suis persuadé qu'il sera profitable de semer en ligne avec un semoir Leclère, et de laisser une raie de charrue libre de mètre en mètre, afin d'aérer la culture et de ménager un sentier pour sarcler quand la plante est jeune. Le jeune plant dans son premier âge est délicat et peut être étouffé par les plantes parasites lorsqu'il n'a pas encore acquis la force de les dominer.

On donne pour mesure de la semence d'un hectare 20 kilogr. D'après mon expérience, je pense que la proportion de 30 kilogr. à l'hectare est préférable, et, si la graine de cette fourragère, que le commerce livre au prix de 25 fr. le kilogr., n'était pas en ce moment si chère, j'engagerais les amateurs à répandre 50 kilogr. de semence par hectare, car en semant dru, le fourrage est plus délié, plus tendre, et puis, s'il y a des clairières, on les peut réparer par le repiquage de plants pris aux places où les pieds sont trop nombreux.

Lorsque les pieds du galéga ont atteint plusieurs années, ils comportent, comme les plantes vivaces, des drageons assez nombreux de 10 à 18, qu'on peut éclater et planter en automne, au plantoir. Ces pieds repiqués donnent au printemps suivant les plus belles pousses, et fournissent une abondance de fourrage comme des pieds anciens. Les plus beaux produits me sont venus d'éclats ainsi mis en place.

XXIV

Quand faut-il faucher le Galéga.

Le galéga adulte, à notre avis, peut fournir une coupe dès les premiers jours d'avril. On peut ensuite le couper lorsqu'il est repoussé jusqu'à la hauteur de 35 à 40 centimètres. De la sorte, si le terrain n'est pas trop sec, ni la température trop élevée, on peut obtenir cinq ou six coupes de fourrage.

Il y aurait, à mon avis, un grand inconvénient à faucher une culture trop jeune et lorsque la plante n'a pas fait ses racines, car la faux tranche les organes importants du végétal. Or, si le temps est sec après le fauchage, la jeune plante n'ayant de force que par sa racine imparfaite, se dessèche et meurt.

Nous avons consigné ici tout ce que nous avons pu apprendre des livres et de nos expériences sur cette belle plante. Il reste sans doute beaucoup à faire pour qu'elle soit étudiée, connue, expérimentée. Nous faisons des vœux pour que les jeunes agriculteurs approfondissent l'étude de cette fourragère appelée, nous en sommes convaincu, en s'améliorant par la culture, en raison de sa vigueur, de son abondance, de sa pérennité et de ses propriétés nutritives, à rendre de très-grands services. Car le trèfle, le sainfoin, la luzerne ne viennent pas en toute terre. Le galéga croît partout et il est vivace.

XXV

Évolution du Galéga.

Aussitôt que les lobes ou cotylédons de la graine sont hors de la terre, au bout de quelques jours, apparaissent deux petites feuilles latérales qui portent bientôt le caractère de la légumineuse et en constituent la plantule. La radicule s'enfonce dans la terre comme le pivot de toute plante. Autour du pivot, à mesure que la tige s'acroît, s'étalent des radicelles de telle sorte qu'elles forment une touffe chevelue de racines. Bien différent de la luzerne, dont le long pivot s'enfonce jusqu'à deux mètres là où le sous-sol lui fournit un passage, le galéga, par sa racine multiple et son pivot d'environ 15 à 20 centimètres, s'attache à la surface plus qu'il ne la pénètre, et tandis que la luzerne absorbe tous les sucs en réserve dans la couche inférieure, le galéga emprunte une bonne partie de sa nourriture à l'azote de l'atmosphère, car nous avons vu qu'il contient 5,50 p. 0/0 d'azote, et la luzerne n'en contient que 1,92 p. 0/0.

Lorsque la plante a fait sa tige et ses racines, elle croît à vue d'œil. Moins on sera exigeant la première année, plus elle rapportera la seconde.

La plante adulte donne, dès les premiers jours d'avril, un fourrage de 40 à 50 centimètres de hauteur. On le peut faucher en première coupe.

Si l'on abandonne la plante adulte à son libre cours, elle montera de semaine en semaine; traitée dans de bonnes conditions, elle atteindra par ses tiges jusqu'à deux mètres de hauteur. C'est la mesure exacte des tiges de ma culture à Saint-Eloi. Les visiteurs ont vu, le 25 juin, et mesuré cette incroyable dimension, pareille à celle de la luzerne d'Egypte.

Après la première coupe, dès les premiers jours d'avril, les pousses qui reviennent, obtiennent, fin de juin, une dimension de 80 à 90 centimètres de hauteur, souvent plus. Dans cet état, elles accomplissent une belle floraison. J'ignore si ce résultat s'offrirait en tout terrain; c'est du moins celui que j'ai obtenu de ma culture de Saint-Eloi. Au reste, véritable hydre de Lerne, à laquelle on coupe une tête pour en voir renaître cent, le galéga poursuit sa végétation d'une manière incessante : à peine avez-vous fauché, qu'il se reproduit tallant et verdoyant. J'ai obtenu de bons effets, m'a-t-il semblé, d'avoir plâtré la culture lorsque les pousses marquaient; d'y avoir répandu en couverture une fumure de guano et un stimulant en cendres et en terreau de colombine. J'estime que le guano agenais de Jaille et la chaux animalisée de Mosselmann, ou le guano Pichelin de Lamotte-Beuvron, seraient de fertiles auxiliaires, car enfin il faut rendre à la terre ce que les récoltes lui enlèvent, et l'axiome *Rien de rien* est une vérité absolue.

La floraison du galéga commence vers le 15 juin sous le climat de Paris et dure tout le mois de juillet et une partie d'août. De chaque corolle naît une petite cosse qui, successivement, s'allonge et renferme une suite de graines qui sont à l'étroit dans une gaîne serrée, où elles marquent leur présence par un petit renflement.

XXVI

Profit du Galéga.

Le galéga s'accommodant de toute terre, par l'abondance de sa fane et la facilité de le cultiver, offre de prime abord cet avantage qu'il croît là où la luzerne, le trèfle et le sainfoin se montrent rebelles à la culture. Il vient avec force dans les terres humides, sur le bord des ruisseaux, dans ces sols frais en excès qui se refusent à produire des légumineuses fourragères, et aussi il s'accommode des terrains les plus médiocres.

Rendement. On peut pratiquer au moins quatre coupes de galéga par an. J'estime qu'en terre fraîche ou irriguée, il fournirait aisément six coupes dans une année.

J'ai obtenu les chiffres suivants en 1866, à Saint-Eloi, dans la proportion par hectare, de

26,000 kilogr., 1re coupe, 21 avril;
13,000 kilogr., 2e coupe, 31 mai;
19,500 kilogr., 3e coupe, 19 juillet;
13,500 kilogr., 4e coupe, 21 septembre.

Ensemble 72,000 kilogr. de fourrage vert, dans l'année, proportions rapportées à l'hectare.

Le 3 avril 1867, j'ai fait dans ma dite culture, à Saint-Eloi, une première coupe qui, bien vérifiée, m'a fourni dans la proportion de 27,500 kilogr. à l'hectare.

Une autre première coupe, que j'ai faite le 25 mai, n'a produit que dans la proportion de 14,280 kilogr. à l'hectare.

J'attribue le poids énorme qu'on obtient en avril à ce fait, qu'en ce mois, à la suite de pluies abondantes, les tissus du végétal sont gorgés de l'eau de la végétation printanière.

Je craindrais d'être téméraire si j'affirmais qu'un tel rendement est certain partout et toujours; cependant j'ose dire qu'en terre bien préparée et en plein champ le rendement annuel du galéga doit s'élever au double de celui d'une luzernière en bon rapport et produire 48 à 64,000 kilogr. de fourrage vert, représentant 12 à 16,000 kilogr. de fourrage sec. Voyons le rendement des autres fourragères légumineuses, à l'hectare.

Le trèfle donne un produit annuel de 9,000 kilogr. de fourrage sec en bon rendement. C'est environ moitié moins que le galéga.

Le sainfoin, dans les très-bonnes terres, peut fournir, en moyenne, de 5 à 6,000 kilogr. de fourrage sec, plus de moitié moins que le galéga.

On peut considérer comme un bon rendement moyen des prairies naturelles, 4 à 6,000 kilogr. de fourrage sec par hectare et par an. C'est environ le tiers du rendement du galéga.

Et comme ses cendres contiennent environ 39 p. 0/0 de carbonate de potasse et de soude, on peut extraire de sa fane de la potasse et de la soude. On a dit que cette plante, autrefois surnommée *faux indigo*, contient de l'indigo; cela peut être, mais nous n'en savons rien par nous-même.

Je suis convaincu que le galéga qui prospère dans les sols frais, voire même humides, donnerait d'abondants et utiles produits dans les marais de l'Algérie et comme le chameau paraît le rechercher avec avidité; ce serait une excellente culture à faire au profit des bêtes de somme de cette contrée.

J'ai de même la conviction que notre fourragère croîtrait admirablement bien dans les terres basses du Mazendéran, en Perse. S'il en était ainsi, cette province, si riche déjà, accroîtrait ses richesses par une culture facile par laquelle elle approvisionnerait toutes les stations du Khorassan, pour le profit des caravanes. Mirza Youssef-Khan, chargé des affaires de Perse à Paris, concessionnaire de l'exploitation des forêts du Mazendéran, en homme de progrès, a compris et noté cet avantage. Le progrès n'est point réservé à la seule Europe. Quand les moyens économiques de nourrir les bêtes de somme s'étendent jusqu'au Grand Désert Salé, c'est au profit de l'humanité tout entière.

XXVII

Valeur nutritive du Galéga.

Il faut, dit Sprengel, que les plantes que l'on destine au gros bétail, et surtout aux vaches laitières, contiennent les matières que nous trouvons dans le lait, c'est-à-dire la soude, le chlore, le soufre, le phosphore, la potasse, le carbone et l'azote. Plusieurs de ces dernières subtances contribuent beaucoup à la production de la laine dans les races ovines et à la production de la viande dans le gros et le menu bétail.

Or, si l'on se reporte, page 43, à l'analyse minérale du galéga et à celle faite par le chimiste M. X..., page 47, on acquierra la preuve que le galéga contient de la soude par le carbonate de soude ; du chlore par le chlorure de de sodium ; du soufre par le sulfate de soude et de chaux ; du phosphore par les phosphates ; de la potasse par le carbonate de potasse; du carbone par les carbonates de potasse et de soude qu'il contient, enfin de l'azote, dont son fourrage sec renferme le chiffre énorme de 5,42 p. 0/0.

Par conséquent, le galéga, remplissant les conditions indiquées par l'agronome Sprengel, a une valeur nutritive propre aux bêtes bovines et à la race ovine.

D'un autre côté, de l'analyse faite par M. Gaucheron, professeur de chimie agricole, il résulte que, selon ses calculs, le galéga, quant à l'azote, matière d'après laquelle on détermine la valeur nutritive d'un fourrage, si l'on prend 100 kilogr. de foin de pré, on a pour équivalent 62 kilogr. 500 de fourrage sec de galéga. Donc, ce dernier est un tiers plus nutritif que le foin des prairies, et très-propre à la race chevaline, avec profit.

Et, d'après l'analyse de M. X..., faite et vérifiée par deux expériences au Jardin des Plantes, le galéga sec contient :

En matières grasses.....	1,83 0/0
En matières azotées.....	5,42 0/0

D'après Sprengel, le trèfle contient :

Matières grasses........	0,90 0/0
Azote.................	0,50 0/0

La luzerne contient, il est vrai, d'après Boussingault :

Matières grasses........ 3,50 0/0

mais elle ne donne que 1,92 p. 0/0 d'azote, le sainfoin 1,04 p. 0/0 et le foin de pré 2 p. 0/0.

En résumé, le galéga, au point de vue de l'azote, qui est la base de la valeur nutritive d'un fourrage, est :

Au bon foin de pré	comme	5,42	sont à	2;
A la luzerne	comme	5,42	sont à	1,92;
Au sainfoin	comme	5,42	sont à	1,04;
Au trèfle	comme	5,42	sont à	0,50.

Pour les matières grasses, le galéga est :

A la luzerne	comme	1,83	sont à	3,50;
Au trèfle	comme	1,83	sont à	0,90;
Au sainfoin	comme	1,83	sont à	0,00.

On voit que si le galéga est inférieur à la luzerne pour les matières grasses, il est bien supérieur au trèfle sous ce rapport, et dans quelles proportions notre plante l'emporte sur ses congéneres luzernes, sainfoin, trèfle, et même sur le foin de pré, par rapport aux matières azotées. Si l'on consulte le tableau de la valeur nutritive de tous les fourrages, dressé par M. Isidore Pierre, on verra que le galéga l'emporte sur toutes les plantes citées par le grand chimiste de Caen. Enfin le chimiste X... me disait, d'après son analyse vérifiée : « J'estime que 40 kil. de fourrage sec de galéga équivalent à 100 kil. de foin de pré.

XXVIII

Usage du Galéga.

Le galéga, par la grande quantité de principes nutritifs qu'il contient, peut donc, comme le trèfle, la luzerne et même plus que ces fourrages être indigeste pour les bêtes qui n'y sont pas accoutumées. Comme ses congénères, il peut produire dans les races des ruminants le gonflement appelé *météorisme*. Il convient de prendre à l'égard de cette fourragère les mêmes précautions que pour la luzerne et le trèfle.

Il se peut que les bêtes refusent d'abord ce fourrage vert ou sec. Pour les y accoutumer, on peut leur en servir mélangé avec un autre fourrage et en augmenter la dose progressivement; on pourrait aussi arroser le fourrage d'un peu d'eau salée ou y répandre la poudre appétissante Monnoir; mais il ne faut jamais oublier que le poids de la ration en fourrage de galéga doit être plus d'un tiers de moins que celle en foin des prairies.

En général, on peut admettre que le fourrage du galéga, mélangé à un autre fourrage moins substantiel, sera profitable et sans inconvénient pour les bêtes.

Le secrétaire de l'Académie royale d'agriculture de Florence, pour compléter les renseignements, m'a écrit que M. Del Puglia, régisseur du marquis Capponi, ayant eu occasion de faire faucher des terrains où le galéga ayant été semé avec du trèfle, et les deux fourrages ayant été séchés et mélangés, le mélange a été mangé avec plaisir par les vaches et les brebis.

Le galéga, d'après la grande quantité d'azote qu'il contient, doit emprunter beaucoup à l'atmosphère, de même à cause de ses carbonates; on peut dès lors le considérer comme une plante améliorante et s'en servir avec avantage comme un engrais à enfouir en vert, comme on le fait en Italie, dans la Toscane surtout.

Les abeilles ont pour les fleurs du galéga une prédilection marquée. C'est pourquoi certains apiculteurs élèvent cette plante dans le voisinage des ruches.

XXIX

Les Dames patronesses du Galéga.

Les dames élégantes qui font autorité parmi celles de la haute aristocratie ont voulu contribuer au succès de la plante qui nous préoccupe : c'est ainsi qu'elles se sont adressées à M. H. Dubois, le grand artiste dans l'art d'imiter la nature, pour le prier de leur faire des coiffures et des garnitures de robes de la fleur du galéga, fleur qui est si jolie dans ses nuances naturelles, c'est-à-dire blanches et lilas. Cette plante, appelée à jouer un si grand rôle comme fourrage parmi nos cultivateurs, aura comme ornement gracieux le même succès parmi nos reines de la mode et du monde élégant. Fabriquée par M. Dubois, fournisseur breveté de S. M. l'Impératrice, qui fait autorité parmi toutes les dames de goût, cette fleur ne peut manquer d'avoir un grand retentissement ; c'est donc une bonne fortune pour les amis de l'art et du progrès.

Nous offrons à ces dames nos respectueux rémercîments.

Nous remercions aussi nos nombreux visiteurs et correspondants des sympathies marquées dont ils ont honoré nos études. Nous prions ces derniers de nous faire connaître le résultat de leur culture ; ces résultats, quels qu'ils soient, seront accueillis par nous avec gratitude ; car, dans toutes choses, ce sont les faits pratiques recueillis et enchaînés qui peuvent instruire et diriger.

Quant à nous, nous terminons en confirmant la vérité de tout ce que nous avons écrit, et qui est le résultat d'une conviction inébranlable et motivée, à savoir, que cette plante légumineuse, le galéga, doit, dans un temps donné, enrichir ceux des agriculteurs qui voudront bien la cultiver et l'employer avec la prudence que nous avons conseillée.

XXX

Appendice. Le galéga utile à l'instruction publique, aux sciences et aux arts.

Au moment de mettre sous presse les feuilles de cet opuscule, nous avons reporté notre attention sur la plante verte ou séchée du galéga, et cette attention, éveillée d'ailleurs depuis longtemps, a eu pour résultat de nous convaincre que la tige du *Galega officinalis* et celle du *Galega orientalis*, de la racine à la tête, contiennent des fibres filamenteuses fines, continues, d'une nature pareille aux filaments qui peuvent servir à la fabrication de la pâte à papier. C'était un trait de lumière.

« Le papier, qui sert à l'écriture et à l'imprimerie a écrit un publiciste, est une des branches d'industrie dont la production est la plus bornée, parce qu'on ne peut le faire qu'avec certaines substances très-rares.

La France produit soixante-quinze millions de kilogrammes de papier, dont un septième pour l'exportation; ce n'est pas deux kilogr. par personne. L'Angleterre en produit cent millions et les Etats-Unis deux cents millions; la Belgique en produit quinze millions de kilogrammes à elle seule, — mais elle ajoute à la pâte du kaolin, matière terreuse.

« La production augmenterait encore d'ailleurs, dans ces divers pays, si la matière première ne manquait. Il faut, dit le savant M. Gratiot, 625 grammes de chiffon pour faire 500 grammes de papier. Les divers centres de production se disputent le chiffon des pays où la sortie est libre. C'est surtout d'Italie, de Grèce, de Serbie, de Turquie que les Américains tirent le leur. La France garde le sien avec le plus grand soin.

« Cette dispute acharnée du chiffon le fait rare et cher. On le garde, on l'emmagasine; on attend la hausse. On sait qu'il n'y en a qu'une quantité donnée.

« Le chiffon étant de plus en plus recherché, on s'est adressé pour le remplacer à toutes sortes de matières. On n'y a pas réussi, et il a fallu se contenter de quelques auxiliaires très-remarquables. Ces auxiliaires sont surtout tirés des plantes textiles, de la paille et des bois.

« On voit que c'est là une position des plus difficiles.

« Or, le dernier mot est loin d'être dit pour l'urgence du développement de la fabrication du papier. »

En effet, ajouterons-nous à notre tour, en présence de l'impulsion donnée à l'instruction publique, à l'instruction primaire et professionnelle, aux cours d'adultes, considérant aussi que la presse périodique, littéraire et politique accroît de jour en jour ses productions, sans compter d'ailleurs les nombreux volumes et brochures qui s'impriment de toutes parts, il reste évident que la fabrication du papier devient de plus en plus digne du plus haut intérêt.

Or, le fait est admis, reçu, démontré : la matière première manque.

Frappé de ces considérations, nous avons fait étudier la plante *galéga*. On en a obtenu une pâte à papier si malléable, si feutrable, qu'elle se met pour ainsi dire en carton sous le pilon du mortier employé à l'expérience. La racine, comme celle de la luzerne, moins longue, mais tout aussi fibreuse, peut se convertir en pâte d'un grain fin; il en est de même de toute la tige et jusqu'aux feuilles elles-mêmes. On en obtiendra un papier de la première qualité, jusqu'aux qualités inférieures.

Ainsi, il est acquis pour nous que cultiver le galéga, plante fourragère dont le rendement est si abondant, c'est en outre cultiver une plante industrielle.

Un négociant honorable et très-intelligent a compris toute la portée de cet aperçu, et il a pris un brevet de quinze ans pour application des *deux Galegas officinalis et orientalis à la fabrication de la pâte de papier.*

Une étude ultérieure sur cette question économique nouvelle fera ressortir tous les avantages industriels qu'elle renferme. Disons seulement à cet égard un mot.

Toute cette brochure a pour objet uniquement, principalement, la culture, l'usage et le profit agricole de cette plante encore si peu étudiée. Tout le monde sait, d'après les données reçues de l'agronomie, que toute plante fourragère qui a rapporté sa graine à maturité cesse d'être un fourrage nutritif, que la fane n'est d'aucun usage pour la nourriture des bestiaux, et que, quand même ces derniers la mastiqueraient, elle ne leur fournirait qu'un aliment sans saveur et indigeste.

Or, si la culture du galéga se propage, — nous devons l'espérer, — comme la graine manque, et qu'elle est assez chère, c'est la production de la graine qui fera l'objet des premières cultures; et subséquemment, pour perpétuer la production de la plante, soit comme fourrage d'une haute nutrition, soit comme engrais vert, azoté, d'une grande valeur, l'agriculture s'attachera toujours à faire de la graine.

C'est pourquoi les fanes des tiges porte-graines qui seraient sans un emploi avantageux, pouvant servir à la fabrication de la pâte de papier, trouveront un écoulement rémunératoire par le placement qui en sera fait dans la fabrication de ladite pâte à papier.

Nous ne pouvons aujourd'hui, et ici, établir la valeur vénale de ces fanes; nous dirons seulement que, d'après ce qui nous est révélé, la plante galéga peut fournir avec un déchet normal à peu près autant de bonne pâte que l'équivalent au poids de chiffons. Dès lors, la fane du galéga qui a porté graines pourrait être achetée à un prix d'autant plus avantageux que, sans cela, elle serait une matière vile et seulement propre à faire de la litière.

Si après avoir pris sur un champ de galéga une première coupe du printemps on l'abandonne à lui-même, il fournira des tiges qui s'élèveront à plus d'un mètre de hauteur, et en donnant fin d'août de bonnes semences, il donnera en outre des fanes abondantes ; pour faire juger d'un tel rendement, nous nous bornons à citer ici ce que nous avons obtenu à Saint-Eloi.

Nous avons laissé croître sans la faucher dans l'année une petite culture. Au mois d'août, nous avons obtenu de 3 mètres carrés 9 hectogrammes de graines, soit 300 grammes par mètre carré. C'est dans la proportion de 3,000 kilogr. à l'hectare. Or, jusqu'ici le kilogr. de graines de galéga s'est vendu 25 fr. En réduisant ce prix de moitié pour le kilogr., on aurait le chiffre rond de 37,500 fr. pour la récolte d'un hectare. Ce chiffre est exorbitant et devra nécessairement fléchir. Les trois mètres carrés ont fourni 12 kilogr. 600 grammes de fane vertes ; c'est juste 4 kil. 200 grammes par centiare, ou 42,000 kilogr. à l'hectare, qui, séchées, se réduisent à 10,500 kilogr.

Or, pour la pâte de papier, il ne sera pas impossible de vendre ces fanes à raison de 5 fr. les 100 kil. C'est une plus-value de 525 fr. par hectare que rendrait le galéga à la bourse de l'agriculteur qui mettra la main à l'œuvre pour la culture de la légumineuse dont nous servons la providentielle bonté et la magnifique beauté.

GILLET DAMITTE.

TABLE DES MATIÈRES

OUVRAGES DE M. GILLET-DAMITTE

BIBLIOTHÈQUE USUELLE

DE L'INSTRUCTION PRIMAIRE

Par GILLET-DAMITTE

Synthèse logique, cours de composition élémentaire pour apprendre aux enfants à *penser* et à *raisonner* juste, à *parler* et à *écrire* correctement, sans les fatiguer par les difficultés de la grammaire. Ouvrage approuvé et mentionné honorablement par la Société pour l'instruction élémentaire, par l'Athénée impérial et par la Société des instituteurs; par. M. GILLET-DAMITTE, officier de l'instruction publique. 1 vol. in-12, *partie du maître*, 2 fr. — 1 vol. in-12, *partie de l'élève*, 1 fr.

Technographie. Méthode complète de calligraphie, exposant l'histoire critique et littéraire de l'écriture jusqu'à nos jours. 108 modèles. 1 vol. in-folio.................... Prix. 9 fr.

Arithmétique des jeunes Garçons; ouvrage conforme à l'esprit de la *Synthèse logique*; 5e edition, in-18. Prix. 1 fr. 25 c.

Arithmétique des jeunes Filles, avec de nombreux problèmes; 5e édition, in-18................. *Cart.* 1 fr. 25 c.

Leçons primaires d'Arpentage, à l'usage des écoles primaires et professionnelles et des agriculteurs : approuvée par la Société impériale et centrale d'agriculture de Paris, par l'Académie d'agriculture d'Orléans et par la Société des instituteurs de la Seine; 3e édition, revue et augmentée; 1 vol. in-12, publié en trois parties, avec planches gravées....... *Cart.* 3 fr.

1re *Partie*, Arpentage et Nivellement; in-12, avec figures. *Cart.* 90 c.

2e *Partie*, Géodésie ou Division du terrain; in-12, avec figures. *Cart.* 90 c.

3e *Partie*, Lever, Dessin et Lavis des plans; in-12, avec figures coloriées.................................. *Cart.* 1 fr. 20 c.

Cet ouvrage, honoré de trois médailles d'argent, fournit, par des procédés les plus simples de l'analyse et de la synthèse combinées, les moyens faciles de mesurer, de diviser et de lever toute espèce de terrains, quelle qu'en soit l'irrégularité.

Principes de Musique et de Plain-Chant, contenant les

éléments simplifiés et complets de la musique et du chant liturgique, la notation ordinaire et la notation en chiffres, la génération des gammes des différents modes, les règles générales de la transposition et de la modulation, à l'usage des élèves des écoles et des pensions; 1 vol. in-12, Paris, Delalain.
Broché. 1 fr. 25 c.

Cet ouvrage, dans lequel la notation chiffrée est appliquée pour la première fois au plain-chant, a été approuvé par la Société d'agriculture, des sciences, belles-lettres et arts d'Orléans, par Mgr Dupanloup, évêque d'Orléans, par le grand-chantre de la métropole de Paris.

La Bibliothèque usuelle de l'Instruction primaire se compose de Traités élementaires sur toutes les matières d'Enseignement primaire prescrites par l'article 23 de la loi organique du 15 mars 1850; elle comprend 26 volumes grand in-18.

Chaque volume, de cinquante pages, rendu franc de port dans toutes les communes de France, se vend séparément : broché, 20 centimes; cartonné, 25 centimes.

* **1.** Instruction morale et religieuse, extraite de Fleury.
* **2.** Méthode de Lecture et d'Écriture.
* **3.** Livre de Récitation, choix de fables en vers et de morceaux en prose.
* **4.** Grammaire française, extraite de Lhomond.
4 *bis*. Exercices français sur la Grammaire.
* **5.** Arithmétique et Calcul.
6. Système légal des poids et mesures.
* **7.** Géographie de la France.
* **8.** Géographie moderne.
* **9.** Histoire Sainte.
* **10.** Histoire de France.
* **11.** Histoire générale des temps anciens.
* **12.** Histoire générale des temps modernes.
* **13.** Physique appliquée aux usages de la vie.
14. Chimie appliquée aux usages de la vie.
15. Histoire Naturelle appliquée aux usages de la vie.
16. Cosmographie.
* **17.** Agriculture et Jardinage.
18. Industrie et Commerce.
19. Hygiène.
20. Géométrie usuelle.
21. Arpentage.
22. Dessin linéaire.
* **23.** Musique et Chant.
* **24.** Gymnastique.
* **25.** Travaux d'aiguille.

Cette Collection, destinée à être mise entre les mains des élèves des écoles primaires, se recommande par la simplicité remarquable de sa rédaction et par son extrême bon marché.

Les volumes publiés sont précédés d'un astérisque (*); les autres paraîtront successivement à des intervalles rapprochés.

En échange de timbres-poste ou de mandats-poste, ces ouvrages sont expédiés francs de port sans augmentation de prix.

Librairie de J. DELALAIN et fils, rue de la Sorbonne, 1. (Paris.)

BIBLIOTHÈQUE USUELLE

DES VILLES ET DES CAMPAGNES

Par GILLET-DAMITTE

Amendements et engrais, ou l'**Art de fertiliser les terres**. Ce volume fournit, en substance, l'enseignement agricole actuellement donné par la chimie agricole. 1 vol. in-12....................................... 30 c.

Art des feux d'artifice ou **Pyrotechnie**, à l'usage de tous les amateurs qui veulent se récréer sans danger, dans les fêtes nationales ou particulières. 1 vol. in-12................ 35 c.

Petit Manuel de la bonne cuisine économique et simplifiée, rédigé d'après des notes fournies à l'auteur par un amateur de bon goût, sous le contrôle de plusieurs dames capables dans l'administration d'une maison. 240 recettes diverses aussi simples que faciles à exécuter. 1 vol. in-12, 2e édition....................................... 30 c.

Hygiène de la table ou **propriété des aliments** par rapport à l'économie domestique et à la santé. 1 vol. in 12. 30 c.

Petit Manuel d'économie domestique destiné à toutes les bonnes ménagères. 1 vol. in-12.................... 30 c.

Petit Manuel d'arboriculture fruitière, en collaboration avec M. Philippe Bille, horticulteur à Orléans, approuvé et recommandé par la Société d'agriculture d'Orléans. 1 vol. avec planche....................................... 35 c.

Petit manuel de floriculture, culture des fleurs dans les petits parterres, sur les fenêtres et dans les appartements .... 30 c.

Petit Manuel d'olériculture, culture des légumes dans les petits jardins. 1 vol.......... 30 c.

Plusieurs médailles d'argent de 1re classe et mentions honorables ont été décernées dans les concours à M. Gillet-Damitte pour ses ouvrages dont ces livres font partie.

La collection des huit volumes parus de la BIBLIOTHÈQUE USUELLE sera expédiée franc de port à tous ceux qui enverront 2 fr. 50 c. à **M. BLERIOT**, *éditeur, 55, quai des Grands-Augustins, Paris.*

Paris. — Typ. E. Panckoucke et Ce, quai Voltaire, 13

[illegible]

SYNTHÈSE [illegible]

de M. Gillet-Damitte.

Cet ouvrage a été approuvé et mentionné [illegible] la Société pour l'Instruction élémentaire, par [illegible] Sciences, Arts et Belles-Lettres de Paris, par la [illegible] tuteurs et des Institutrices de la Seine.

« La *Synthèse logique* ou Cours élémentaire de [illegible] raisonnée me paraît digne de votre haute [illegible] exposé aussi soigneusement fait que [illegible] thode qui a pour objet d'exercer l'intelligence [illegible] recherche et à la combinaison des idées. Ce livre [illegible] un travail puissant. » (*Rapport à la* [illegible] *élémentaire, par M. Amiot.*)

« La *Synthèse logique*, n'en [illegible] ferme à la fois les éléments de la [illegible] la grammaire et de la rhétorique ; elle [illegible] parties bien distinctes : l'étude de la [illegible] (*Rapport à l'Athénée de Paris, par M.* [illegible])

« M. Gillet-Damitte, ayant mis [illegible] instituteurs à même de donner [illegible] bien mérité à la fois des maîtres [illegible] *la Société des Instituteurs et des Institutrices* [illegible] *M. Lambert.*)

« Les auteurs de la *Synthèse logique* y sont [illegible] du progrès en se dégageant franchement de la [illegible] *rard, Cours de langue maternelle,* [illegible] *française.*)

« Il me tardait de lire la *Synthèse logique* [illegible] paru tout à fait neuf. Je ne doute pas qu'il ne [illegible] accueilli par tous ceux qui sont pénétrés des [illegible] l'enseignement. Il a fallu pour cette composition [illegible] dition et des réflexions profondes. Je [illegible] exemples, ni de ce parfum de [illegible] qui s'exhale de ses diverses parties. » (*M. l'abbé* [illegible] *teur du collége Stanislas à Paris.*)

« La *Synthèse logique* est une méthode [illegible] tème de pédagogie complet, rationnel, [illegible] aussi ne pouvait-il appartenir qu'à des [illegible] science profonde aux habitudes pratiques de [illegible] la développer avec clarté et précision dans le [illegible] livre élémentaire. Elle doit améliorer les études, [illegible] grès, et donner aux jeunes intelligences cette [illegible] cette rectitude de jugement et cette correction [illegible] cution dont, après l'étude pénible des langues [illegible] ordinaires, on sent si souvent l'absence, [illegible] chercher à leur faire acquérir sur de [illegible] *universel.*)

BIBLIOTHEQUE NATIONALE DE FRANCE
3 7531 04113240 9

www.ingramcontent.com/pod-product-compliance
Ingram Content Group UK Ltd.
Pitfield, Milton Keynes, MK11 3LW, UK
UKHW022133190726
13855UKWH00003B/1125

9 782013 067089